高等职业教育“十四五”规划教材

黑龙江生物科技职业学院
高水平高职院校建设项目成果——项目化课程系列教材

装配式混凝土建筑及全装修工程施工技术

周岩枫　成　艳　主编

中国农业大学出版社
·北京·

内 容 简 介

本书以项目为载体，采用任务驱动的教学模式组织教材内容，将所需的理论融入每个任务训练之中，主要内容包括：项目一 装配式混凝土建筑预制构件生产；项目二 装配式混凝土预制构件施工；项目三 装配式混凝土建筑装修施工技术与质量验收；项目四 装配式混凝土建筑成本及信息化。

图书在版编目(CIP)数据

装配式混凝土建筑及全装修工程施工技术 / 周岩枫，成艳主编. --北京：中国农业大学出版社，2023.3

ISBN 978-7-5655-2968-9

Ⅰ.①装… Ⅱ.①周… ②成… Ⅲ.①装配式混凝土结构－建筑施工－高等职业教育－教材 ②建筑装饰－工程施工－高等职业教育－教材 Ⅳ.①TU37②TU767

中国国家版本馆 CIP 数据核字(2023)第 045482 号

书　　名 装配式混凝土建筑及全装修工程施工技术

作　　者 周岩枫　成　艳　主编

策划编辑 张　玉　　**责任编辑** 张　玉

封面设计 郑　川

出版发行 中国农业大学出版社

社　　址 北京市海淀区圆明园西路 2 号　　**邮政编码** 100193

电　　话 发行部 010-62733489，1190　　读者服务部 010-62732336

编辑部 010-62732617，2618　　出　版　部 010-62733440

网　　址 http://www.caupress.cn　　**E-mail** cbsszs@cau.edu.cn

经　　销 新华书店

印　　刷 北京溢漾印刷有限公司

版　　次 2023 年 7 月第 1 版　　2023 年 7 月第 1 次印刷

规　　格 185 mm×260 mm　16 开本　12 印张　300 千字

定　　价 39.00 元

编审人员

主　编　周岩枫（黑龙江生物科技职业学院）

　　　　　成　艳（黑龙江生物科技职业学院）

副主编　李宏罡（黑龙江生物科技职业学院）

　　　　　闫红缨（黑龙江省宇辉新型建筑材料有限公司）

　　　　　张　皓（黑龙江职业学院）

　　　　　孟小丽（新疆农业职业技术学院）

　　　　　张广旭（哈尔滨建筑云网络科技有限公司）

主　审　杨道宇（哈尔滨工业大学建筑设计研究院）

　　　　　刘浩江（龙江环保集团有限公司）

前言

“装配式混凝土建筑及全装修工程施工技术”是建筑类专业的专业课程，为了满足社会需求，培养掌握岗位技能的学生，我们基于职业院校学生的特点，充分体现“以全面素质为基础，以能力为本位”“以企业需求为基本依据，以就业为导向”“适应企业技术发展，体现教学内容的先进性和前瞻性”“以学生为主体，体现教学组织的科学性和灵活性”的原则组织编写了本教材。教材简化理论阐述，注重实用，使学生能尽快掌握装配式混凝土建筑及全装修工程施工技术要求，使其做到学以致用。

一、本书特色

1. 以项目为载体，采用任务驱动的教学模式，选取与生活息息相关的项目为载体，重新编排理论知识，将所需的理论融入每个任务训练之中，同时提供项目案例范本。学生边学习边实训，当所有的任务完成之后，也就掌握了完整的装配式混凝土建筑及全装修工程施工技术。

2. 本书设置了知识拓展模块，学生可以通过自主拓展学习获得最新的行业信息，同时可以通过扫描二维码、课程资源链接等信息化手段来获取项目图纸照片、课件等信息化内容。

3. 内容设置与职业资格等级认证紧密结合，职业院校的学生在获得学历证书的同时积极取得多类职业技能等级证书，拓展就业创业本领。本书结合“1＋X”装配式施工工艺职业等级证书的基本岗位技能进行编写，突出实践性。

4. 校企合作双元开发教材。党的二十大报告提出，推进职普融通、产教融合、科教融汇，优化职业教育类型定位。本书在编写过程中得到了各类建筑企业的大力帮助，包括总结岗位需求，提供图纸案例，参与部分内容的编写，使本书更加具有实用性，同时也可作为建筑类企业培训教材。

二、教学建议

1. 应加强对学生实际职业能力的培养，强化基于工作过程的项目教学和任务教学，注重以任务引领型的教学方法，激发学生学习兴趣，使学生在完成任务的过程中掌握相关知识。

2. 应以学生为本，注重教与学的互动，通过装配式建筑的生产、施工、运输、验收、信息化应用等实际项目活动，训练学生掌握装配式混凝土建筑及全装修工程施工技术的专业能力。

3. 应注重教学环境的创设，以多媒体校内教学型生产实训基地的动态示教等教学方法，提高学生分析问题和解决问题的职业能力。

4. 教师必须重视实践，更新观念，走工学结合的道路，探索基于工作过程的职业教育模式，为学生提供自主学习的时间和空间，积极引领学生提升职业技能，努力提高学生的创新能力。

5. 教师应加强实际工作情境教学。

三、教学考核评价建议

1. 突出过程评价。结合课堂提问、小组讨论、实操测试、课后作业任务完成等表现，加强实践性教学环节的考核。

2. 强调目标评价、理实一体化评价，注重引导学生进行学习方式的转变。

3. 强调课程结束后的综合评价，充分发挥学生的主动性和创造力，注重考核学生的动手能力和在实践中分析问题和解决问题的能力。

4. 在教学项目中按项目评分，课程结束时进行综合任务的考核。

5. 成绩评定及标准，包括课程总评价表、教师综合评价表、学生自我评价表，教师和学生可根据相关表进行考核评价。

本书由周岩枫、成艳主编。具体编写分工如下：周岩枫负责项目二、项目三的编写，并对全书进行统稿；成艳负责项目一的编写；李宏罡负责项目四的编写；闫红缨、张皓、孟小丽、张广旭参与了本书部分数字化资源、PPT、图片资料的整理；杨道宇、刘浩江进行了审稿。

本书在编写过程中查阅并参考了大量期刊、文献、教材、论文以及网络资料，在此谨向相关资料作者和单位表示由衷的感谢。由于装配式混凝土建筑正处于不断发展和实践的过程，还有许多施工现场的实践问题需要进一步深入学习和研究，同时由于编者本身水平所限，书中难免会存在不妥和疏漏之处，敬请广大读者批评指正。

编　者

2023 年 3 月

目 录

项目一　装配式混凝土建筑预制构件生产

子项目一　预制构件厂总体规划设计

任务一　总体规划

一、知识目标

1. 预制构件厂选址的影响因素；
2. 预制构件厂的选址要求。

二、能力目标

学生能够调研所在地装配式建筑的相关政策和建筑市场规模，为预制构件厂的前期规划提供参考意见。

三、素质目标

1. 通过任务引领的项目化教学，培养学生综合分析问题的能力及严谨细致的工作态度；
2. 通过拓展知识训练，培养学生自主学习意识和自学能力；
3. 开展小组教学，培养学生的团结、合作精神。

【案例描述】

某预制构件厂产能要求年产 50 000～150 000 m^3 混凝土预制构件，产品包括预制外墙、预制内墙、叠合楼板、叠合梁、预制柱及预制楼梯、阳台、空调板等异形构件。工厂建设目标是满足装配式建筑所有部件的生产制作，确保工艺先进，制造水平、生产效率和产品品质处于国内领先水平。

根据现阶段的技术体系规范及拆分工艺要求，建筑项目各种构件所占比例及体积分配大致如下(采用装配整体式剪力墙结构的项目统计所得的基本数据，预制率均在 50%以上)：预制外墙板日产能为 300 m^3，产能需求为 15 m^3/h；预制内墙板日产能为 247 m^3，产能需求为 11 m^3/h；叠合楼板日产能为 94 m^3，产能需求为 4 m^3/h。

【案例背景】

装配式建筑是把传统建造方式中的大量现场作业转移到工厂进行，将在工厂加工制作好的预制构件运输到施工现场，通过可靠的连接方式在现场装配而成。

大力推进装配式建筑产业化是社会发展的战略需求，既是实施节能减排战略、新型城镇化建设的需要，也是加快供给侧结构性改革和建筑企业转型升级的需要。

近几年国内装配式住宅发展较快，全国预制构件生产工厂已超百余家，主要分布在上海、北京、山东、辽宁、湖北、河北、安徽等。而全国范围内的预制构件厂配套不足，未来几年各地的建筑预制构件厂数量将呈现几何级数增长。

预制构件厂在生产中需要采用先进的工艺和自动化技术，才能更好地提升生产效率、降低成本。因此，在预制构件厂规划过程中，要结合发展需求，做好选址、投资、设备等诸多影响因素考察，认真分析建厂地区材料利用情况、生产规模和投资建设管理水平，综合考量各种影响因素。

【项目实施】

一、任务下达

一个预制构件厂的选址和规模定位在项目决策阶段尤为重要。通过对全国范围内的预制构件厂进行经济分析测算，在达到设计产能 50%的情况下，投资内部收益率为 8.84%（税后），投资回收期为 9.97 年(税后)；其效益除了受实际产能影响外，对产品价格也很敏感，价格向下浮动 3%～5%可直接影响内部收益率。因此，要认真分析影响预制构件厂规模定位的因素。

二、任务实施

(一)影响因素

1. 当地政府政策

我国的装配式建筑主要是由政府推动的，各地的政策推动力度有较大的差异。如北京、上海这些积极推进地区明确提出 2020 年装配率要实现 30%以上；鼓励推进地区提出了示范期、发展应用期、普遍发展期的阶段性目标，力求稳扎稳打；还有一些省、区、市在积极学习考察，落实装配式建筑的政策及出台详细的阶段性计划纲领。因此，基地的选址和规模定位要与当地政府的政策相匹配。

2. 当地建筑市场规模

每平方米建筑混凝土用量与建筑的结构形式密切相关。据经验数据统计，多层砌体住宅每平方米建筑混凝土用量为 0.3～0.33 m^3，多层框架结构为 0.33～ 0.35 m^3，高层建筑(11～18 层)为 0.35～0.36 m^3。按每平方米建筑混凝土用量大约为 0.33 m^3 估算，预制构件预制率若按 20%计算，每平方米建筑预制构件量约需要 0.066 m^3，随着构件预制率的提高，预制构件需要量呈正比例增长，即当预制率为 40%时，预制构件量约需要 0.132 m^3。也就是说预制构件的需求量既与混凝土用量有关，又与预制率有关。混凝土用量体现城市的规模和容量，预制率体现城市的发展水平。因此，要综合考虑城市的容量和发展，因地制宜地建设与工厂所在城市规模相适应的预制构件厂。

3. 合理服务半径

预制构件厂地域性强，受服务半径制约。预制构件体型大、质量大、外形尺寸多样化，若运输距离太远，运输成本会大幅度提高。有研究对运输距离与预制构件的价格做了分析，如表 1-1-1 所示。

表 1-1-1　不同运输距离的预制构件价格

项目	近运距离	中距离	较远距离	远距离	超远距离
运输距离/km	30	60	90	120	150
运费/(元/车)	1 100	1 500	1 900	2 300	2 650
运费/[元/(车·km)]	36.7	25.0	21.1	19.2	17.7
平均运量/(m^3/车)	9.5	9.5	9.5	9.5	9.5
平均运费/(元/m^3)	116	158	200	242	252
水平预制构件市场价格/(元/m^3)	3 000	3 000	3 000	3 000	3 000
水平运费占构件销售价格比例/%	3.87	5.27	6.67	8.07	8.40

从表 1-1-1 中可以看出，预制构件综合单价按平均 3 000 元/m^3 计算(水平构件较便宜，为 2 400～2 700 元/m^3；外墙板、阳台板等复杂构件为 3 000～3 400 元/m^3)，运输合理半径在 90～120 km 以内为宜，在此范围内运费占预制构件售价的 6%～8%。因此，合理运输半径内的市场需求量是确定预制构件生产厂规模的重要依据之一。

4. 产品类型

目前，预制构件的产品类型有预制叠合楼板、预制剪力墙板、预制复合保温外墙板、预制复合承重内墙板、预制叠合梁、预制柱、预制叠合式剪力墙板、预制楼梯、预制阳台、预制空调板等。

预制构件生产厂的产品类型定位与当地主要建筑结构形式、建筑风格有关。如当地以高层住宅建筑为主，还是以框架结构为主；所涉及的构件种类是否有预制剪力墙板；当地装配率要求等。综合性大型的预制构件厂，产品种类应较齐全，以满足不同客户的需求。

根据厂家调研，在预制构件厂规划初期，产品方案构成可按预制内墙板：预制外墙板：预制叠合楼板：预制异形构件＝1：2：1：0.5 来粗略估算，产品类型确定后，各种类型的设计产能就能估算出来。

5. 设计产能

预制构件生产厂的经营状况与政策的推动力度关联性加大，近年来，随着政策力度的增大，工厂的实际产能发挥率为设计产能的 60%～70%。

预制构件厂的实际产能受工人熟练程度、订单的不连续性、环保停工等因素的影响。除此之外，异形构件通常采用固定模台来生产，整个构件的浇筑成型、养护、组模和拆模都在固定的模台上完成，其自动化程度低，人工参与环节多，其生产能力的发挥受人的因素、生产组织管理水平的影响较大。

因此，在确定设计产能时，要充分考虑订单式生产、环保停工、工人熟练程度等因素带来的计划产能实际发挥的不确定性。

（二）预制构件厂规划要求

（1）安全环保的要求。要确保施工操作人员施工环境的安全，从吊装、材料运输到维修等工作，都是简单方便且容易控制的状态，并对施工生产设备进行质量把控，确保不存在安全缺陷，从而保证施工环境的安全。

（2）工厂产能的合理性要求。要满足房建预制构件、兼顾桥梁等预制构件的生产要求，确保产能的合理性和科学性。

（3）保证质量的要求。在新的发展时期，人们对建筑产品质量的要求越来越高，尤其要注意混凝土的振捣、养护等施工工序的合理性，要了解施工所在地区的环境条件，并有针对性地制订相应的措施保证预制构件的质量。

（4）技术适用的要求。要对我国的预制构件生产特点加以了解，采用国内外成熟的技术手段，还要结合预制构件厂生产的实际情况，了解自身的投资需求，选择合适的技术。

（5）低能耗的要求。当前，节约能源、降低能耗是人们普遍关注的问题。在生产中，生产线运行需要消耗电能，要从降低能耗的角度出发，设计科学的方案，降低生产线的能耗。

（6）低投资的要求。预制构件厂的投资，也需要结合实际情况，在设备、技术、人才等投资上，都按照低投资的原则进行。

总之，需要结合国内结构体系的特点，不断优化预制构件厂设计的方案，遵循相应的设计要求。

三、实施成果

（1）经营场所和生产场地，面积不宜小于 66 666 m^2，其中生产区域厂房面积应大于 33 333 m^2。

（2）厂址选择应考虑交通运输条件、原料供应及产品的外销，依托燃料、水、电、气等供应条件。

（3）生产设计规模不宜小于年产 10 万 m^3。

预制构件厂区规划如图 1-1-1 所示。

图 1-1-1　厂区规划

【相关知识】

(一)装配式建筑

装配式建筑是建造方式的重大的、根本性的变革,实际上是一场革命。发展装配式建筑将倒逼建筑业各环节、各生产要素进行全面改革。可以说,推进装配式建筑就是变革低效率、高消耗的粗放建造模式,走建筑业依靠科技进步、提高劳动者素质、内涵集约式发展道路,是建筑业发展的必经之路和必选方向。它与传统的建造方式根本区别在于把社会生产力从手工业的小生产方式向社会化的大生产方式转化。

《装配式混凝土建筑技术标准》(GB/T 51231—2016)中装配式建筑是指结构系统、外围护系统、设备与管线系统、内装系统的主要部分采用预制部品部件集成的建筑。装配式建筑以标准化设计、工厂化生产、装配化施工、信息化管理、智能化应用和一体化装修为基本原则,将极大地提高劳动生产率,是建筑产业现代化的发展方向。

《装配式混凝土结构技术规程》(JGJ 1—2014)中装配式混凝土结构是指由预制混凝土构件通过可靠的连接方式装配而成的混凝土结构,包括装配整体式混凝土结构、全装配混凝土结构等。在建筑工程中,简称装配式建筑;在结构工程中,简称装配式结构。

《装配式混凝土结构技术规程》(JGJ 1—2014)中装配整体式混凝土结构是指由预制混凝土构件通过可靠的方式进行连接并与现场后浇混凝土、水泥基灌浆料形成整体的装配式混凝土结构,简称装配整体式结构。

(二)《装配式建筑评价标准》解读

《装配式建筑评价标准》(GB/T 51129—2017,以下简称《标准》)自 2018 年 2 月 1 日起实施,《标准》的编制是以促进装配式建筑的发展、规范装配式建筑的评价为目标,根据系统性的指标体系进行综合打分,采用装配率来评价装配式建筑的装配化程度。《标准》中共设置 5 章共 28 个条文,其中总则 4 条,术语 5 条,基本规定 4 条,装配率计算 13 条,评级与等级划分 2 条。以《标准》在装配式建筑项目实际中的应用,做如下 6 点总结:

1. 适用范围

《标准》适用于采用装配方式建造的民用建筑评价,包括居住建筑和公共建筑。对于一些与民用建筑相似的单层和多层厂房等工业建筑,如精密加工车间、洁净车间等,当符合本标准的评价原则时,可参照执行。

2. 装配式建筑的评价指标

《标准》中规定装配式建筑的评价指标统一为“装配率”,明确了装配率是对单体建筑装配化程度的综合评价结果。装配率定义为:单体建筑室外地坪以上的主体结构、围护墙和内隔墙、装修与设备管线等采用预制部品部件的综合比例。

3. 装配式建筑等级评价单元

《标准》第 3.0.1 条,装配率计算和装配式建筑等级评价应以单体建筑作为计算和评价单元,并应符合下列规定:

(1)单体建筑应按项目规划批准文件的建筑编号确认;

(2)建筑由主楼和裙房组成时,主楼和裙房可按不同的单体建筑进行计算和评价;

(3)单体建筑的层楼不大于 3 层,且地上建筑面积不超过 500 m^2 时,可由多个单体建筑组成建筑组团作为计算和评价单元。

4. 装配式建筑的基本标准

以控制性指标明确了最低准入门槛，以竖向构件、水平构件、围护墙和分隔墙、全装修等指标，分析建筑单体的装配化程度，发挥《标准》的正向引导作用。

《标准》第 3.0.3 条，装配式建筑应同时满足下列要求：

(1)主体结构部分的评价分值不低于 20 分；

(2)围护墙和内隔墙部分的评价分值不低于 10 分；

(3)采用全装修；

(4)装配率不低于 50%。

5. 装配率计算

《标准》第 4.0.1 条，装配率应根据表 1-1-2 中评价项分值按下式计算：

$$P=\frac{Q_1+Q_2+Q_3}{100-Q_4}\times 100\%$$

式中：P 为装配率；Q_1 为主体结构指标实际得分值；Q_2 为围护墙和内隔墙指标实际得分值；Q_3 为装修和设备管线指标实际得分值；Q_4 为评价项目中缺少的评价项分值总和。

表 1-1-2　装配式建筑评分表

评价项		评价要求	评价分值	最低分值
主体结构(50 分)	柱、支撑、承重墙、延性墙板等竖向构件	35%≤比例≤80%	20～30*	20
	梁、板、楼梯、阳台、空调板等构件	70%≤比例≤80%	10～20*	
围护墙和内隔墙(20 分)	非承重围护墙非砌筑	比例≥80%	5	10
	围护墙与保温、隔热、装饰一体化	50%≤比例≤80%	2～5*	
	内隔墙非砌筑	比例≥50%	5	
	内隔墙与管线、装修一体化	50%≤比例≤80%	2～5*	
装修和设备管线(30 分)	全装修	—	6	6
	干式工法楼面、地面	比例≥70%	6	—
	集成厨房	70%≤比例≤90%	3～6*	
	集成卫生间	70%≤比例≤90%	3～6*	
	管线分离	50%≤比例≤70%	4～6*	

注：表中带“*”项的分值采用“内插法”计算，计算结果取小数点后 1 位。

6. 装配式建筑的两种评价

《标准》中规定了装配式建筑的认定评价与等级评价两种评价方式，对装配式建筑设置了相对合理可行的“准入门槛”，达到最低要求时，才能认定为装配式建筑，再根据分值进行等级评价。

《标准》第 3.0.2 条，装配式建筑评价应符合下列规定：

(1)设计阶段宜进行预评价，并应按设计文件计算装配率；

(2)项目评价应在项目竣工验收后进行，并应按竣工验收资料计算装配率和确定评价等级。

在设计阶段可以进行预评价，本标准用的是“宜”，也就是说不是必需程序。预评价作用有：对项目设计方案做出预判与优化；对项目设计采用新技术、新产品和新方法等的评价方法进行论证和确认；对施工图审查、项目统计与管理等提供基础性依据。

项目评价应在竣工验收后，依据验收资料进行，主要工作有：对项目实际装配率进行复核，进行装配式建筑的认定；根据项目申请，对装配式建筑进行等级评价。

《标准》第5.0.1～5.0.2条内容如下：

(1)5.0.1　当评价项目满足本标准第3.0.3条规定，且主体结构竖向构件中预制部品部件的应用比例不低于35%时，可进行装配式建筑等级评价。

(2)5.0.2　装配式建筑评价等级应划分为A级、AA级、AAA级，并应符合下列规定：

①装配率为60%～75%时，评价为A级装配式建筑。

②装配率为76%～90%时，评价为AA级装配式建筑。

③ 装配率为91%及以上时，评价为AAA级装配式建筑。

装配式建筑的两种评价方式间存在10分差值，在项目成为装配式建筑与具有评价等级存有一定空间，为地方政府制定奖励政策提供弹性范围。

【问题与讨论】

1. 服务半径对预制构件厂选址有哪些影响？
2. 预制构件厂选址有哪些要求？

任务二　总平面设计

一、知识目标

1. 了解预制构件工厂的组成；
2. 掌握预制构件工厂平面设计的影响因素；
3. 掌握预制构件工厂平面设计应遵循的原则。

二、能力目标

学生能够根据预制构件工厂的规划进行预制构件工厂平面的初步设计，相应的生产线、堆场等符合工艺逻辑，面积满足需求。

三、素质目标

1. 通过任务引领的项目化教学，培养学生综合分析问题的能力及严谨细致的工作态度；
2. 通过拓展知识训练，培养学生自主学习意识和自学能力；
3. 开展小组教学，培养学生的团结、合作精神。

【案例描述】

鉴于建筑行业的发展趋势，某管桩生产厂变更生产项目，将生产预制构件，对原基地厂区进行重新规划。

该厂区占地面积约为 113 333 m^2，邻近公路，原材料和构件成品运输方便。此基地厂区为旧厂房，该厂区原主要生产管桩构件，故水、电、气的供应可以满足预制构件工厂的相关需求。现有一四跨车间厂房，分别为 9 m×118 m、21 m×120 m、21 m×189 m、24 m× 189 m；一钢筋加工车间面积为 2 736 m^2(18 m×152 m)。厂区已经拥有相关的办公实验楼、餐饮宿舍楼、锅炉房、搅拌站、构件堆场、原料堆场等配套设施。

【案例背景】

预制混凝土构件生产是建筑业与制造业的结合，要确保预制构件厂提供高质量产品、高效运营和持续稳定发展就需要充分发挥制造业和建筑业的各自优势，实现制造业与建筑业在技术及管理上的有机结合。

高质量、高效率的预制混凝土构件生产需要完整的管理制度、先进的技术体系、合理的工艺流程、全面的质量标准、严格的检测手段、熟练的产业工人、科学的管理方法和高效的团队协作作为基础，对生产全过程进行有效计划、组织、指挥、协调和控制。而这一切的物质基础是符合工艺要求的生产厂房、满足需求的预制构件堆场和舒适的生产生活环境。

【项目实施】

一、任务下达

预制构件工厂总平面必须执行国家的方针政策，按设计任务书进行；总平面设计符合所在城市的总体规划和区域规划，同时与周围环境协调统一；总平面设计符合地形、地质、水文、气象等自然条件；厂区的道路、管网要与市政道路和管网合理衔接；建筑物之间的距离满足日照、生产、防火、通风和抗震等方面的要求。

预制构件工厂主要由生产车间、成品堆放区、办公区、生活区、实验楼和相应配套设施等组成。

二、任务实施

根据土地情况和项目生产工艺需求及未来发展要求，总体布置方案应满足以下几点原则：功能分区明确，人流、物流便捷通畅；生产工艺流程顺畅、简便；绿化系数较高，厂区舒适、美观。预制构件工厂总体布置如图 1-1-2 所示。

对预制构件厂而言，在满足基本的规范要求的基础上，企业主所关注的重点都聚焦在预制构件厂的产能上。预制构件厂的平面布置围绕生产工艺进行设计，以期最大化预制构件厂的生产效率。在产能最大化前提下，优化好厂区的布局，力求为员工创造良好的生活办公环境。

(一)生产车间

对整个预制构件工厂的规划而言，最重要的是生产车间部分的布置，因为生产车间直接决定了构件厂的产能。预制构件生产车间主要包括构件自动化流水生产线、固定模台生产线、钢筋加工车间和搅拌站等。其中最重要的是生产线布置。合理的生产线布置可以避免生产线间的交叉干扰，同时提高生产效率，以及减少管理成本。

图 1-1-2 预制构件工厂总体布置

(二)成品堆放区

成品堆放区是存放成品构件的场所。通常情况下,要求构件堆场至少能保证 1～2 个月生产构件的存储,在土地面积允许的情况下尽量大一些(25 000～50 000 m^2)。构件堆场按照构件搁置方式划分为不同的区域,如预制墙板区域、叠合楼板区域和预制异型构件区域等。

堆场宜临近生产区设置室内堆场(图 1-1-3),也可根据场地条件设置室外堆场(图 1-1-4)。室内堆场宜采用吊重不小于 10 t 的吊车;室外堆场宜设置龙门吊装置,采用对称布置,吊重不小于 20 t。

图 1-1-3 室内堆场

图 1-1-4 室外堆场

(三)办公区、生活区

生活区是为生产人员提供住宿,办公区是为管理人员提供办公,为参观人员提供展厅以及为厂区所有人员提供就餐的规划功能区。工厂内的办公楼(图 1-1-5)宜满足 100～150 人的办公需求,并预留一定的房间。宿舍宜满足高峰产能时员工的居住需求。办公区、生活区的布置应考虑好宿舍的采光,食堂布置在下风向,尽可能地将生活区与生产区分离,以保证工作人员的安全和舒适的生活环境;生活区和办公区的出入口与城市交通、市政条件发生关系;生活区和办公区应设置相应的绿化、美化设施。

厂内展示区(图 1-1-6)应根据设计要求和标准制作,展示产品类型、原材料与构配件、生产工艺、生产流程、技术水平、企业业绩等。

图 1-1-5　办公楼

图 1-1-6　厂内展示区

(四)实验楼

工厂应设置实验楼(室),实验室面积不小于 80 m^2,满足试验检测工作需要和标准化建设的有关规定,可实现构件关键数据的可追溯性。实验室应根据功能独立设置资料室、样品室、压力室、养护室、砂石室、水泥室等,如图 1-1-7 所示,并根据实验检测项目配置满足要求的基础设施和实验设备。实验室内应配备压力机、抗折试验机、砂浆搅拌机、标准养护箱等试验设备。

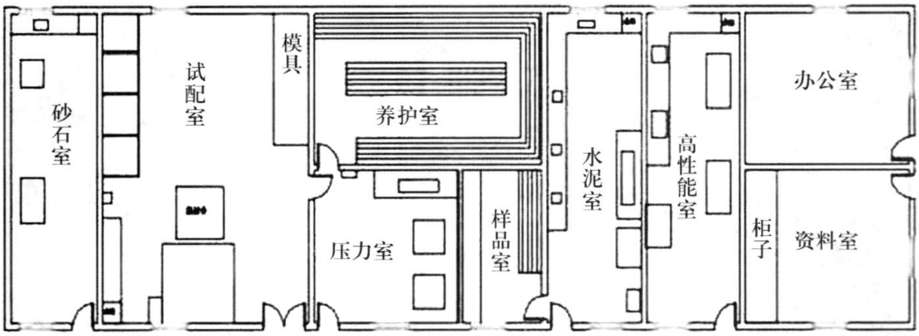

图 1-1-7　实验室平面布置图

三、实施成果

构件成品堆放区在预制构件厂布局设计中占有重要的地位,堆场面积的大小是制约生产的因素之一。施工现场一般不具备存储大量构件的条件,有时受施工进度调整的影响,预制构件不能及时安装,如果预制构件厂的堆场已经堆满,生产出来的产品无处存放,就会导致车间停产。通过对预制构件厂的调研,堆场面积大于 2 倍生产厂房面积为宜。

成品堆场应与生产车间的成品出料方向综合考虑。为有效利用堆场空间,堆场应设龙门吊或起重设备。预制构件应分区堆存,将储存位置及构件信息录入管理系统,实现成品的信息化、智能化管理。

常见预制构件生产工厂布局如图 1-1-8 所示。

图 1-1-8　厂区布局

【相关知识】

✣ 预制构件生产厂配套设施要求 ✣

(一)道路

厂区交通要做到人、物分流。厂区道路宜采用混凝土路面,主干道路宽度不宜小于 7 m,次干道路宽度不宜小于 5 m,转弯半径不宜小于 25 m。

(二)给水

(1)市政给水管网的供水压力和水量应满足工厂生产、生活和消防的要求,没有达到消防要求的,需设置相应消防设施;

(2)工厂内搅拌站给水系统,宜考虑循环给水系统;

(3)工厂内场地冲洗和绿化浇灌给水系统,宜考虑雨水收集系统;

(4)给水管道及配件的选用和安装应符合设计和施工验收的要求。

(三)排水

(1)工厂生产和生活排水应满足市政排水管网的排放要求,没有达到排放标准的处理后排放;

(2)市政污水排水管网的排水能力和标高应满足工厂生产和生活排水的要求,雨水排水管网的排水能力和标高应满足暴雨强度排水能力;

(3)生产废水应经沉淀处理后循环使用;

(4)排水管道及窨井的施工和安装应符合设计和施工验收的要求。

(四)供配电

(1)供电电压应根据用电负荷容量、设备特征、供电距离、当地公共电网现状及其发展规划等因素综合考虑,一般采用 10 kV 供电;

(2)根据装机容量合理选择变压器容量;

(3)补偿基本无功功率的电容器组,宜在变电所内集中补偿;

(4)配电级数及保护级数合理,分级明确,便于管理与维护;

(5)主要负荷功能区域为流水线系统、钢筋加工系统和混凝土搅拌站系统,变压器尽可能靠近负荷中心,以缩短低压供电半径;

(6)合理选择线缆及其铺设方式,减少线路阻抗以提高用户的自然功率因数;

(7)消防设备、计算机中央控制中心为二级负荷,其余均为三级负荷。

(五)照明

(1)照明应按照《建筑照明设计标准》(GB 50034—2013)规定的照度进行设计,并要考虑功率密度值的要求;

(2)根据视觉要求、作业性质和环境条件,合理选择和配置光源、灯具,使工作区域空间具备合理的照度、显色性和适宜的亮度分布。

(六)防雷

(1)防雷设计应根据地质、地貌、气象、环境等条件和雷击活动规律及被保护物的特点等,因地制宜采取防雷措施;

(2)防雷设计应做到安全可靠、技术先进、经济合理及施工维护方便,应充分利用建筑物金属结构及钢筋混凝土结构中的钢筋等导体作为防雷装置;

(3)接地装置应优先利用建筑物钢筋混凝土内的钢筋,当不能满足要求时,应补打人工接地极。

(七)自动化控制

(1)工厂内或流水线生产车间内应设置中央控制中心,对生产过程实施监控;

(2)运用信息及自动化控制技术,实现生产过程的采集、控制、优化、调度、管理和决策,达到增加产量、提高产品质量、降低消耗、确保安全的目的。

(八)暖气

目前,按相关政策要求,办公及生活供暖多采用联网集中供暖。车间是否采暖与生产相关,推荐使用蒸汽锅炉自供暖。

(九)蒸汽

蒸汽主要用于构件养护,因集中供暖无法满足生产用蒸汽使用要求,所以一般自建蒸汽锅炉。

【问题与讨论】

1. 预制构件生产工厂按照功能划分为几个区域?
2. 构件堆场有哪些要求?
3. 预制构件生产工厂的布局原则有哪些?

任务三 主要生产区域建设划分

一、知识目标

1. 主要生产区域的组成;
2. 流水线系统;
3. 生产区域的主要生产设备。

二、能力目标

学生能够认识构件生产车间常用生产设备的能力，对其使用有一定的了解，掌握构件生产车间内的布局原则，能够根据实际情况进行生产车间的平面布置。

三、素质目标

1. 通过任务引领的项目化教学，培养学生综合分析问题的能力及严谨细致的工作态度；
2. 通过拓展知识训练，培养学生自主学习意识和自学能力；
3. 开展小组教学，培养学生的团结、合作精神。

【案例描述】

某小型预制构件厂位于太和安宁河旁，由原预制桩生产厂改建而成，总占地面积约 8 666.67 m^2，建筑面积 6 200 m^2。该小型预制构件厂以“强基达标，提质增效”为工作主体，以争创“小型预制构件标准化示范工厂”为目标，遵循“工厂化、机械化、专业化、信息化”的建设理念，把“高标准起步、高质量达标、高效率推进”贯穿于整个施工全过程，最终实现小型预制构件“生产高效、产品优质”的目的。

【案例背景】

预制构件采用流水生产方式组织生产，主要采用流动模台的生产方式。

流动模台是指在生产线上按工艺要求依次设置若干操作工位，工序交接时模台可沿生产线行走，构件生产时模台依次在正在进行的工艺工位停留，直至最终生产完成。这种生产方式机械化程度高，生产效率也高，可连续循环作业，便于实现自动化生产。

【项目实施】

一、任务下达

构件生产车间是预制构件生产工厂的核心区域，要求各功能区域布局合理、符合生产工艺逻辑关系，主要分为流水生产线、钢筋生产线和搅拌站生产线。生产车间生产线布置如图 1-1-9 所示。

图 1-1-9 生产车间生产线布置

二、任务实施

生产车间各功能区域的四周用 15 cm 宽黄油漆隔离标识，并用铁马围栏分割；生产区中间设置 5 m 行车通道，用环氧地坪漆铺满，道路两侧设置宽 0.5 m 人行通道，门式起重机走行轨两侧布置绿化带。生产区各功能区域划分如图 1-1-10 所示。

图 1-1-10　生产区各功能区域划分

(一)流水生产线

流水生产线分为模台、模台辊道、模台清理喷涂机、画线机、混凝土送料机、混凝土布料机、混凝土振动台、蒸养窑、翻板机、脱模机等，如图 1-1-11 所示。

图 1-1-11　流水生产线

1. 模台

模台是预制构件生产的作业面，也是构件的底模板，如图 1-1-12 所示。模台面板宜选用整块的钢板制作，厚度不小于 10 mm，模台表面必须平整，表面高低差在任意 2 000 mm 长度范围内不超过 2 mm。

2. 模台辊道

模台辊道是模台行走装置，由两侧的滚轮组成，如图 1-1-13 所示。工作时，模台在辊道的带动下，向下一工序作业地点移动。模台辊道应能保证模台运行时的稳定性，同时，辊道的尺寸要与模台的尺寸相对应。

图 1-1-12　模台

图 1-1-13　模台辊道

3. 模台清理喷涂机

模台清理喷涂机是对模台表面进行清理和喷涂脱模剂或生产所需其他液体的一体化设备。模台自动喷涂机如图 1-1-14 所示。

图 1-1-14　模台自动喷涂机

4. 画线机

画线机是通过数控系统，根据设计图纸在模台上全自动画线的设备。机械臂画线机如图 1-1-15 所示。

5. 混凝土送料机

混凝土送料机是向混凝土布料机输送混凝土的设备，如图 1-1-16 所示。混凝土送料机可根据指令引动或停止、与混凝土布料机联动或终止联动。

图 1-1-15　机械臂画线机

图 1-1-16　混凝土送料机

6. 混凝土布料机

混凝土布料机是预制构件生产线上向模台上的模具内浇筑混凝土的设备，如图 1-1-17 所示。布料机应能在生产线上方纵、横向移动，以满足将混凝土均匀浇筑在模具内的要求。布料机的储料斗应有足够的储料容量以保证混凝土浇筑作业的连续进行。布料口的高度应可调或处于满足混凝土浇筑中自由下落高度的要求。布料机应有下料速度变频控制系统，实时调整下料速度。

图 1-1-17　混凝土布料机

7. 混凝土振动台

混凝土振动台是预制构件生产线上用于实现混凝土振捣密实的设备，如图 1-1-18 所示。振动台具有振捣密实度好、作业时间短、噪声小等优点。待振捣的混凝土构件必须牢固固定在工作台面上，构件不宜在工作台面上偏置，以保证振动均匀。振动台开启后振捣首个构件前需先试振，振动 3～5 min，确定无误后方可投入使用。

图 1-1-18　混凝土振动台

8. 蒸养窑

蒸养窑是用来蒸汽养护混凝土预制构件的设备。蒸养窑的尺寸、承重能力应满足待蒸养构件的尺寸和质量的要求，其内部应能通过自动控制或远程手动控制对蒸养窑每个分仓里的温度进行控制，窑门启闭机构应灵敏、可靠、封闭性强、不泄漏蒸汽。此外，预制构件进出蒸养窑需要模台存取机配合。混凝土蒸养窑如图 1-1-19 所示。

图 1-1-19　混凝土蒸养窑

9. 翻板机

翻板机是用于翻转预制构件，使其调整到起吊状态的设备，如图 1-1-20 所示。

图 1-1-20　翻板机

10. 脱模机

脱模机是待混凝土预制构件达到脱模强度后将预制构件吊离模台的设备。脱模应有框架式吊梁，起吊脱模时按照设计吊点进行起吊。预制构件起吊脱模如图 1-1-21 所示。

图 1-1-21 预制构件起吊脱模

(二)钢筋生产线

钢筋生产线是预制构件中钢筋预先加工制作的钢筋生产线。钢筋原材料进厂时一般为盘钢或直条钢筋，在钢筋加工过程中，需要对钢筋进行调直、切断、弯曲、绑扎、焊接等加工。

根据设备自动化程度和加工性质，把钢筋加工线分为自动钢筋加工线和手动钢筋加工线。自动钢筋加工线的设备自动化程度较高，加工过程中只需人员启动设备，输入数据参数即可。这些设备加工出的钢筋半成品可直接使用，或转运至手动钢筋加工线进行再加工后使用。常用的设备有网片焊接机、数控弯箍机、棒材机等。

钢筋原材料堆放区如图 1-1-22 所示。半成品钢筋堆放区如图 1-1-23 所示。桁架钢筋自动加工线如图 1-1-24 所示。

(三)搅拌站生产线

厂区应至少配套封闭式搅拌站 1 座，如图 1-1-25 所示，搅拌站生产能力不宜小于 120 m^3/h。混凝土骨料存储设计要满足场地规划布局的总体要求。为了减小场地占用面积、减少砂石运输车进出和上料噪声、避免砂石裸露存储污染环境，砂石存储采用封闭仓储的方式，如图 1-1-26 所示。

图 1-1-22 钢筋原材料堆放区

图 1-1-23 半成品钢筋堆放区

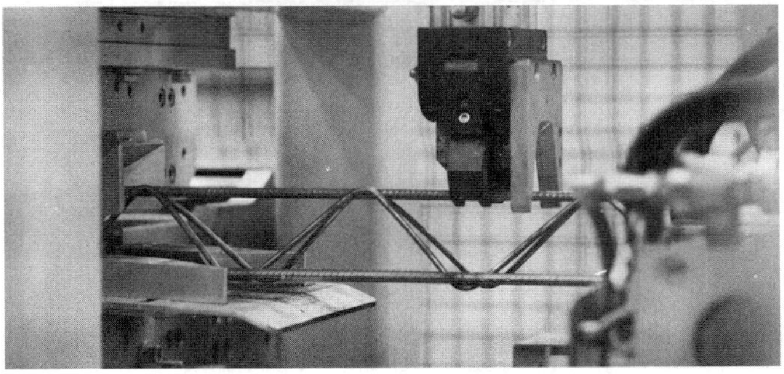

图 1-1-24 桁架钢筋自动加工线

图 1-1-25 封闭式混凝土搅拌站

图 1-1-26 砂石原材分仓存放

搅拌站系统是将原材料(水、水泥、砂、石、矿物掺合料和外加剂)搅拌成混凝土并输送到流水线上进行构件混凝土浇筑的混凝土加工中心。为了完成预制构件的生产,厂区内配置混凝土搅拌站,并配置混凝土输送装置,以保证将混凝土输送到流水线系统。

三、实施成果

生产车间设计为 2～8 跨不等,车间长度宜大于 200 m,单跨宽度为 24～30 m,厂房高度需保证最小起吊高度为 9 m 的要求。车间内应设置构件自动化流水生产线、固定模台生产线、钢筋加工车间和搅拌站等。

预制构件生产车间布置形式如图 1-1-27 至图 1-1-29 所示。

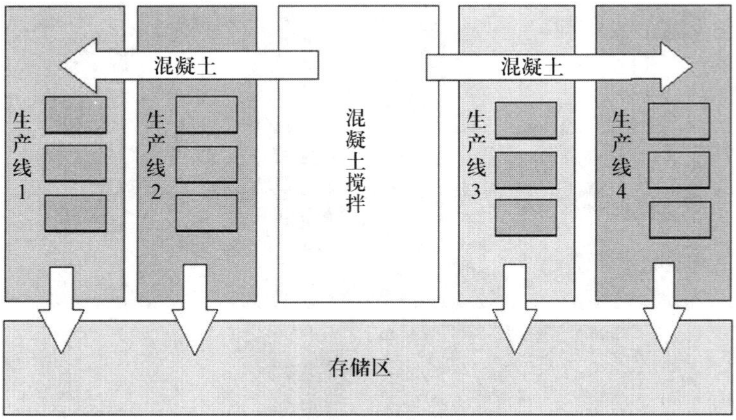

图 1-1-27　布置形式一

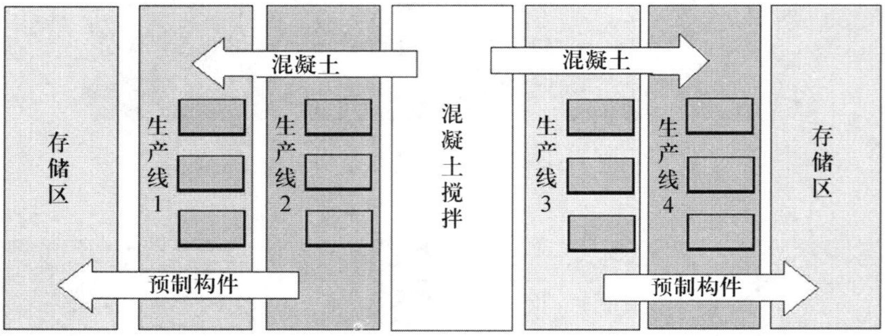

图 1-1-28　布置形式二

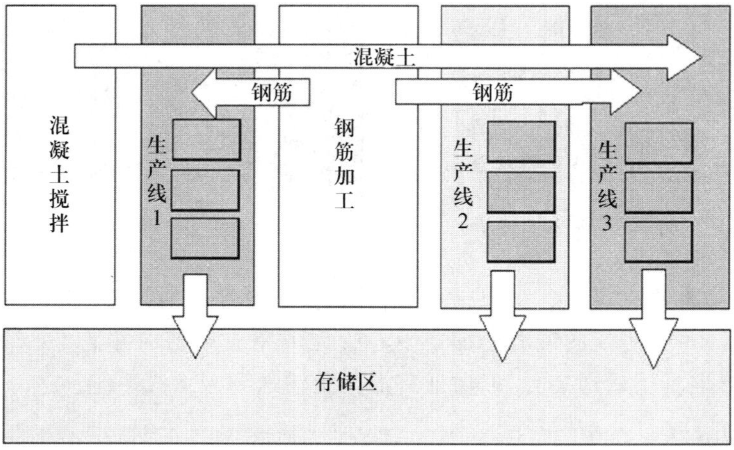

图 1-1-29　布置形式三

【相关知识】

(一)模具的分类

预制构件模具按照构件种类分为外墙模具、内墙模具、隔墙模具、梁模具、柱模具、楼梯模具、阳台模具、窗模具、门模具、女儿墙模具、叠合板模具等。模具模型如图 1-1-30 所示。

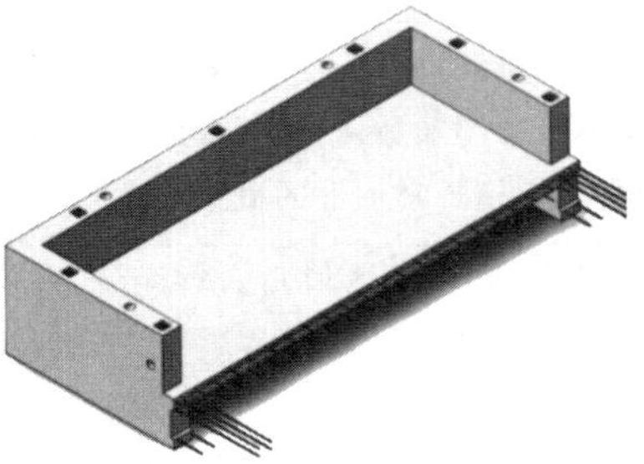

图 1-1-30 模具模型示意图

(二)模具的使用

(1)钢模具首次使用前,应彻底清洁,将污、锈打磨干净。

(2)模具每次使用后,应及时清理,和混凝土接触部分不得留有水泥浆和混凝土残渣。

(3)预制混凝土构件在钢筋骨架入模前,应在模具表面均匀涂抹脱模剂。用石材或面砖作饰面的预制混凝土构件应在饰面入模前涂抹脱模剂。艺术造型构件的硅胶造型模具应采用专用的脱模剂。

模具使用情况如图 1-1-31 所示。

图 1-1-31 模具使用应符合规定

(三)模具的管理

工厂应建立模具管理制度。模具的管理内容应有模具计划、构件断面类型、模具摆放位置、生产线选择、模具成本等。模具管理要求见表 1-1-3。

表 1-1-3 模具管理要求

类别	要求
模具计划	不同类型的构件模具基本上不能共用(如墙板和楼梯不能共用),同类型构件不同形状的模具可共用性也相对较低,但可通过模具组合变化实现共用(不同宽度的梁可以通过万用梁模实现共用);项目的构件类型少、形状统一可减少模具套数;项目工期紧或者工期缩短,构件供应要满足现场进度要求,在没有蒸汽养护的情况下就必须采用增加模具套数的方法加快生产节奏

续表1-1-3

类别	要求
构件断面类型	在模具规划时，先要统计构件类型数量、断面类型，并进行分类，考虑不同构件断面类型的共同点，结合项目生产周期，进行组合变化，确定模具种类和数量（主要考虑梁、柱的断面尺寸，考虑叠合板、墙板的出筋和板片尺寸，楼梯和阳台板等模具唯一性的概率很大）
模具摆放位置与生产线选择	模具规划时必须要考虑模具进厂后的摆放位置，摆放的区域是否影响生产线。若车间条件有限，某类型的构件生产必须在特定区域，但是常规模具形式会影响生产，此时在模具规划时就需要对模具构造或者组合进行调整（比如剪刀梯）。模具摆放位置、生产线选择因素有：行车起吊能力和行走范围、布料机的下料口高度、轨道高度和长度、车行通道宽度等工艺参数
模具成本	根据生产需求考虑模具是否再利用，再利用的模具应选择易加工、多组装的类型，不再利用的可以采用简易、成本低、一次成型的模具
其他因素	模具的生产施工性、混凝土预制构件精度要求、生产排程、模具的专用或公用性和模具供应商的供货能力

【问题与讨论】

1. 预制构件生产车间的通道分为几种？分别有什么要求？
2. 流水生产线上的设备有哪些？

子项目二　预制构件生产工艺布置

任务一　固定模台的设计

一、知识目标

1. 学会固定模台生产工艺和流水线生产工艺的异同；
2. 学会固定模台生产工艺的流动方式；
3. 学会固定模台生产工艺的设备组成。

二、能力目标

学生具有能够根据预制构件的类型选择固定模台生产工艺或流水线生产工艺的能力；具有根据生产工艺，在综合考虑产能、厂房自然条件等因素的情况下，合理布置生产车间的能力。

三、素质目标

1. 通过任务引领的项目化教学，培养学生综合分析问题的能力及严谨细致的工作态度；
2. 通过拓展知识训练，培养学生自主学习意识和自学能力；
3. 开展小组教学，培养学生的团结、合作精神。

【案例描述】

某预制构件厂位于贵阳市清镇，厂内包括两条流水生产线与两台固定模台生产线，主要生产预制叠合梁、预制柱、预制叠合板、预制墙板、预制阳台等。该生产线由三一重工承建，其生产流程与技术在国内运用最为广泛。根据不同的预制构件采取不同的生产工艺，固定模台生产或流水线生产，以期达到最低的生产成本和最高的生产效率。

【案例背景】

生产组织方式是指预制构件生产企业根据生产场地、生产构件的类型及生产规模等条件，选择合适的制作方法。生产组织方式又称为生产工艺。

现阶段，我国混凝土预制（装配式建筑）构件生产工艺以以下两种方法为主：一是以叠合板为代表的机组流水法，是指构件随模台在生产线流动并分阶段加工，针对形状固定与工艺相似的构件；二是以楼梯构件为代表的固定模台法，是指模台固定在同一地点进行构件加工，根据工艺流程依次进行施工，适合形状与工艺比较复杂的构件，但机械化程度较低，生产进度较慢。

混凝土预制构件生产车间与制造业的生产车间类似，经过各种生产环节，从而生产出所需要的产品。不同的工序会涉及各种原材料、工具及成品的调运，在这些材料工具的流动过程中必然会耗费相应的成本及时间。因此，如果能合理地对车间进行布置，缩短物资的运输距离，则可以在一定程度上降低生产成本。

预制构件生产企业通常根据市场需求规模、产品类型，结合自身生产条件，选择一种或多种方法来组织生产。

【项目实施】

一、任务下达

固定模台工艺的组模、放置钢筋与预埋件、浇筑振捣混凝土、养护预制构件和拆模都在固定模台上进行。固定模台生产线如图 1-2-1 所示。模台是固定不动的，作业人员和钢筋、混凝土等材料在各个固定模台间“流动”。绑扎或焊接好的钢筋骨架用起重机送到各个固定模台，混凝土用送料车或送料吊斗送到固定模台，养护蒸汽管道也通到各个固定模台下，预制构件就地养护，预制构件脱模后再运送到存放区。也就是预制构件在一个固定的台位上完成全部工作，然后由起重运输设备将预制构件运移至成品堆场堆放。

二、任务实施

固定模台工艺主要用于制造非标准化预制构件和异型预制构件，如预制柱、预制叠合梁、

图 1-2-1　固定模台生产线

预制叠合楼板、预制墙板、预制楼梯、预制飘窗、预制阳台板、预制转角构件等。异型构件如图 1-2-2 所示。

固定模台工艺具有适用范围广、通用性强、启动资金较少、见效快等特点。

图 1-2-2　异型构件

(一)生产工艺

1. 固定模台工艺

固定模台是一块平整度较高的钢结构平台,也可以是高平整度、高强度的水泥基材料平台。固定模台作为预制构件的底模,在模台上固定构件侧模,组合成完整的模具。固定模台工艺也被称为平模工艺。

固定模台的最大优势是适用范围广,灵活方便,适应性强。固定模台生产过程如图 1-2-3 所示。

2. 立模工艺

立模工艺的特点是模板垂直使用,并具有多种功能。模板基本上是一个箱体,箱体腔内可通入蒸汽,并装有振动设备,可分层振动成型。与平模工艺比较,节约生产用地,生产效率相对较高,而且构件的两个表面同样平整,通常用于生产外形比较简单而又要求两面平整的构件,如内墙板、楼梯段等。

立模有独立立模和组合立模(图 1-2-4)。一个立着浇筑的柱子或一个侧立浇筑的楼梯板的模具属于独立立模;成组浇筑的墙板模具属于组合立模,立模通常成组使用。每块立模板均装有

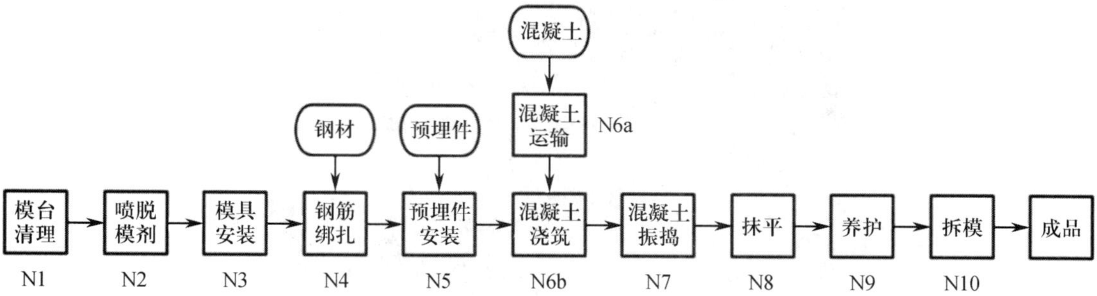

序号	生产阶段	说明
N1	模台清理	用高压水枪清理模台
N2	喷脱模剂	将脱模剂均匀涂抹于模台上
N3	模具安装	安装，不采用机械
N4	钢筋绑扎	进行钢筋加工并布设钢筋
N5	预埋件安装	工人将预埋件安装在模台上，不涉及其他机械
N6a	混凝土运输	转运车将混凝土运送至模台处
N6b	混凝土浇筑	使用起重机将混凝土吊运至模台上进行浇筑
N7	混凝土振捣	机械采用振动棒
N8	抹平	人工操作
N9	养护	蒸汽养护
N10	拆模	人工拆模

图 1-2-3　固定模台生产过程

行走轮，能以上悬或下行方式做水平移动，以满足拆模、清模、布筋、支模等工序的操作需要。

立模工艺适合无装饰面层、无门窗洞口的墙板，清水混凝土柱子（要求四面光洁的柱子）和楼梯等，不适合楼板、梁、夹芯保温板、装饰一体化板和侧边出筋复杂的剪力墙板。

立模工艺最大优势是节约用地，立面没有抹压面，脱模后也不需要翻转。

图 1-2-4　组合立模

（二）固定模台车间布置

生产车间布置需要根据已经确定好的工艺流程和工艺设备的特点，结合建筑、给排水、采暖通风、电气和自动控制以及原材料和成品运输要求等，通过设计图将生产设备在厂房内进行布置。

固定模台工艺的主要设备有模台、蒸汽养护罩、混凝土料斗和振捣器等。

1. 模台

模台大都采用钢平台。钢平台一般由钢面板、钢主梁和钢次梁焊接而成。模台也可以是高平整度、高强度的水泥基材料平台。模台是安装预制构件模板的基础，常兼做预制构件模板的底模，表面平整度要求 2 m 内不超过 2 mm，一般常见的规格有 3.5 m×7 m、3.5 m×9 m、3.5 m×12 m、4 m×12 m 等。固定模台如图 1-2-5 所示。

图 1-2-5　固定模台

2. 蒸汽养护罩

蒸汽养护罩是固定模台生产预制构件蒸养的配套设备，蒸养时覆盖整个模台，起到保温的作用。蒸汽养护罩高度比预制构件最高浇筑面高 30～50 cm 为宜，当浇筑面上有向上的伸出钢筋时应高于伸出钢筋的高度。蒸汽养护罩由架立杆件、钢丝绳、滑扣和 PVC 篷布组成，如图 1-2-6 所示。

3. 混凝土料斗

混凝土料斗是固定模台将混凝土倒入模具的设备，如图 1-2-7 所示。常用的有方形混凝土料斗和圆形混凝土料斗。

图 1-2-6　蒸汽养护罩

图 1-2-7　混凝土料斗

4. 振捣器

用固定模台制作构件时，使用插入式振捣器和表面振捣器振捣。插入式振捣器由电动机和振动棒两部分组成。应综合考虑振捣要求、可操作空间及配筋密度等因素选择合适的振捣器，常用的型号为 ZN35 和 ZN50。插入式振捣器振捣时宜呈梅花状插入，间距不宜超过 300 m。若预制构件要求清水混凝土表面，则插入式振动棒不能紧贴模具表面，否则将留下棒痕。

表面振捣器振捣的方法分为静态振捣法和动态振捣法。前者用附着式振捣器固定在模具上振捣，后者是在压板上加设振捣器振捣，适宜长度不超过 200 mm 的平板混凝土构件。

三、实施成果

预制楼梯、预制阳台板、预制叠合梁等异型构件一般采用固定模台生产。固定模台适应构件的范围最广，几乎所有的构件都可以在固定模台上完成(先张法预应力构件除外)。固定模台工艺布置如图 1-2-8 所示。

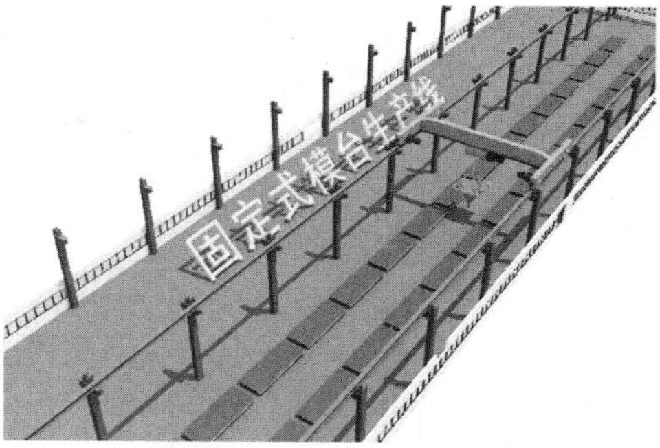

图 1-2-8　固定模台工艺布置

现阶段，结合我国的实际国情，根据预制构件种类的不同，采用流水线与固定模台的不同组合工艺，性价比较高。

【相关知识】

(一)预应力混凝土

混凝土的极限拉应变很低，只有 0.000 1～0.001 5，这时钢筋应力仅为 20～30 MPa。当提高混凝土的强度时，钢筋所受应力提高也不明显；在允许出现裂缝的构件上，裂缝宽度一般应限制在 0.2～0.3 mm，此时，受拉钢筋应力最高也只能达到 150～250 MPa，钢筋这种高强材料得不到充分应用；大跨结构时，为满足挠度控制的要求，需要加大截面积尺寸来增大刚度，构件承载力中有较大一部分用于负担结构的自重，跨度越大，自重在承载力中所占比例就越大，经济性不高。

有鉴于此，预应力混凝土应运而生。预应力混凝土是在构件承受外荷载前，预先在构件的受拉区对混凝土施加预压应力，抵消构件在使用阶段时外荷载作用下产生的拉应力，推迟混凝土裂缝的出现并限制了裂缝的开展，从而提高了构件的抗裂度和刚度。实际上预加应力的概念在日常生活和生产实践中早有所应用，如图 1-2-9 所示。

图 1-2-9　成摞书的预压搬运

与钢筋混凝土相比，预应力混凝土的优点是：由于采用了高强度钢材和高强度混凝土，预应力混凝土具有抗裂能力强、抗渗性能好、刚度大、强度高、抗剪能力和抗疲劳性能好的特点，对节约钢材(可节约钢材 40%～50%、混凝土 20%～40%)、减小结构截面尺寸、降低结构自重、防止开裂和减少挠度都十分有效，可以使结构设计得更为经济、轻巧与美观。

预应力混凝土中的预应力钢筋有钢筋、钢丝和钢绞线，预应力混凝土结构强度等级不宜低于 C30。当采用钢绞线、钢丝、热处理钢筋时，预应力混凝土结构强度等级不宜低于 C40。

(二)预应力工艺

预应力工艺分为先张法工艺和后张法工艺。先张法工艺一般用于制作大跨度预应力混凝土楼板、预应力叠合楼板或预应力空心楼板。

先张法工艺是在固定的钢筋张拉台上制作构件，钢筋张拉台是一个长条平台，两端是钢筋张拉设备和固定端，钢筋张拉后在长条台上浇筑混凝土，养护达到要求强度后，拆卸边模和肋模,然后卸载,切割预应力楼板。

后张法工艺主要用于制作预应力梁或预应力叠合梁,其工艺方法与固定模台工艺接近,构件预留预应力钢筋(或钢绞线)孔,钢筋张拉在构件达到要求强度后进行。

预应力工艺流程如图 1-2-10 所示。

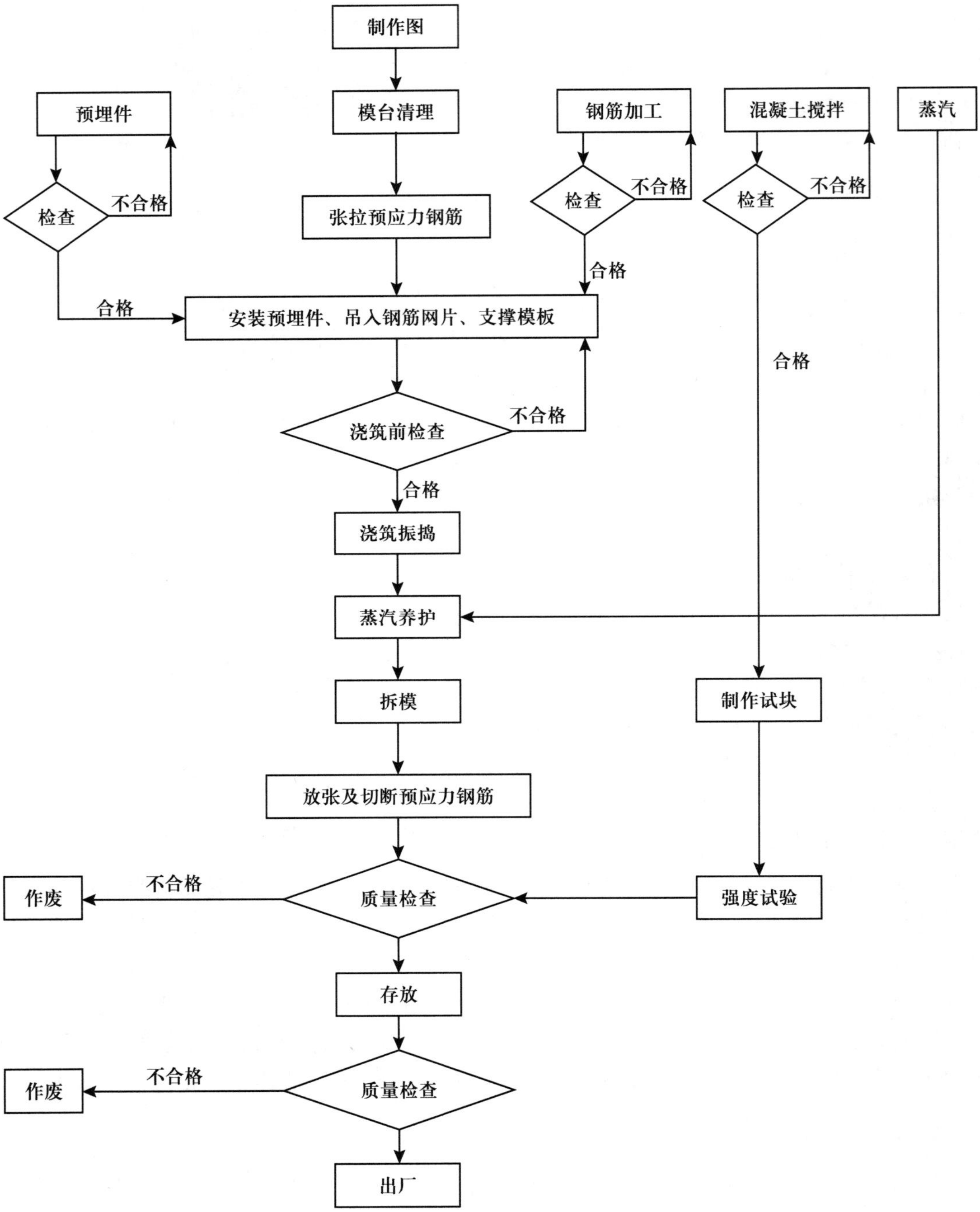

图 1-2-10 预应力工艺流程

【问题与讨论】

1. 固定模台生产工艺主要生产设备有哪些？
2. 固定模台生产工艺固定的是什么？流动的是什么？

任务二　流动模台的设计

一、知识目标

1. 学会预制构件流水线施工工艺；
2. 学会采用流水线施工的预制构件车间的布置要求。

二、能力目标

学生具有能够根据预制构件的类型选择相适宜的生产工艺，如固定模台生产工艺、流水线生产工艺、固定模台与流水线结合生产工艺的能力；具有根据生产工艺，综合考虑产能、厂房自然条件等因素的情况下，合理布置生产车间的能力。

三、素质目标

1. 通过任务引领的项目化教学，培养学生综合分析问题的能力及严谨细致的工作态度；
2. 通过拓展知识训练，培养学生自主学习意识和自学能力；
3. 开展小组教学，培养学生的团结、合作精神。

【案例描述】

某预制构件厂位于贵阳市清镇，厂内包括两条流水生产线与两台固定模台生产线，主要生产预制叠合梁、预制柱、预制叠合板、预制墙板、预制阳台等构件。该生产线由三一重工承建，生产流程与技术在国内运用最为广泛。根据不同的预制构件采取不同的生产工艺，以期达到最低的生产成本和最高的生产效率。

【案例背景】

目前，国内主要工艺技术装备有引进于欧洲的全自动化流水线工艺和国产装配自动化流水线工艺。

世界上先进的装备实现了图样输入、模板自动清理、机械手划线、组模等几乎所有工序的自动化、智能化操作。事实证明，有些已投产的进口生产线并不完全适应国情。我国住宅建筑，特别是高层建筑主要以剪力墙结构为主，按现行规范，剪力墙大都两边或三边出筋，且出筋复杂；叠合楼板预制部分，构件端部也都要出筋；阳台板、飘窗、转角板等异形构件钢筋骨架复杂：这些出筋的构件都无法实现全自动化生产。

国内自动化流水线即让模台在设定的轨道上移动，混凝土布料工位相对固定，在整个流水线上完成组装模具、模具涂油、钢筋网片放置、混凝土浇筑、振捣、蒸汽养护、构件脱模,脱模后的模台经清理,再进入下一循环。自动化流水线如图 1-2-11 所示。现阶段,由于标准化程度不高,需要人工参与的环节较多,基于自动化流水线的环形设计理念,又演变出柔性生产线,将制约生产节拍的工序可通过设备暂时拖离主循环,待工序处理完后再进入主循环。

图 1-2-11　自动化流水线

深入挖掘国内生产线各工艺环节的匹配合理性,提升国产装备的自动化、智能化水平是预制构件装配技术发展的必然。

【项目实施】

一、任务下达

流水线生产工艺是将按标准定制的钢平台放置在滚轴或轨道上,使其能在各个工位循环流转。首先在组模区组模;然后移动到放置钢筋和预埋件的作业区段,进行钢筋骨架入模和安装预埋件作业;再移动到浇筑振捣平台上进行混凝土浇筑,完成浇筑后,通过设置在平台上的振捣装置对混凝土进行振捣;之后,模台转入养护窑进行预制构件养护;养护结束出窑后,移到脱模区脱模,进行必要的修补作业后,将预制构件运送到存放区存放。流水线生产工艺如图 1-2-12 所示。

与固定模台工艺相比,流水线生产工艺操作人员位置相对固定,而加工对象按顺序和一定的时间节拍在各个工位上行走。

流水线生产工艺效率高,生产工艺适应性可通过流水线布置进行调整,适用于大批量标准化构件的生产,如制作预制叠合板、预制剪力墙板、预制内隔墙板、标准化的装饰保温一体化板等预制构件。

二、任务实施

(一)流水线生产工艺

根据构件生产的自动化程度,流水线工艺可分为手控生产线、半自动生产线和全自动生产线。

1. 手控生产线

手控流水线是将模台通过机械装置移送到每一个作业区,完成一个循环后进入养护区,其模台流动,作业区、操作人员位置固定,浇筑和振捣作业的工序位置也是固定的。

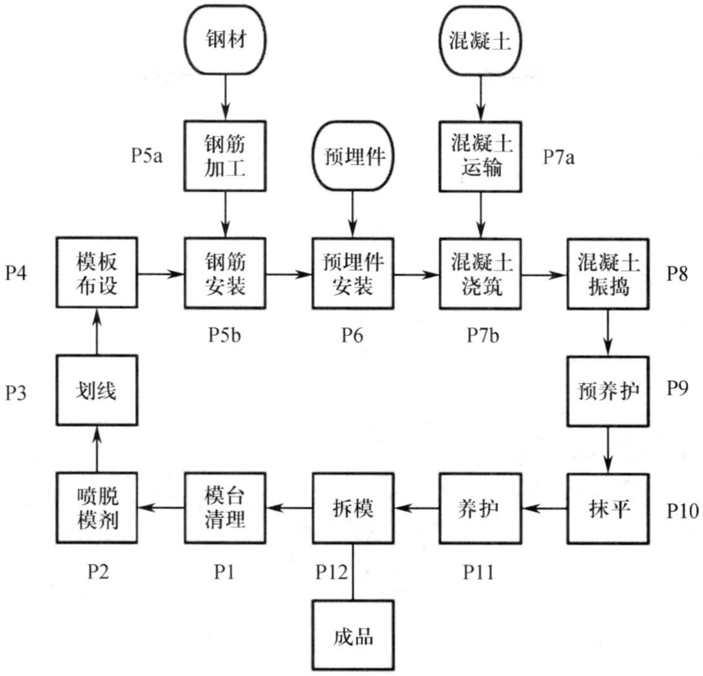

序号	生产阶段	说明
P1	模台清理	通过清理机对模台表面进行清理
P2	喷脱模剂	通过脱模剂喷雾机在模台表面均匀涂上脱模剂
P3	划线	划线机根据构件尺寸在模台表面划线
P4	模板布设	根据线条将侧模板布设在模台上，不使用其他机械
P5a	钢筋加工	由钢筋焊接机械加工钢筋网及钢筋笼
P5b	钢筋安装	将加工好的钢筋笼及钢筋网片安装在模台上
P6	预埋件安装	将预埋件准确安装在模台上
P7a	混凝土运输	由混凝土输送机运送混凝土至模台处
P7b	混凝土浇筑	使用布料机将混凝土浇筑至预支的模板中
P8	混凝土振捣	模台在振捣台上将混凝土振捣密实
P9	预养护	自然养护
P10	抹平	采用机械抹平
P11	养护	将模台运送至立体养护窑中
P12	拆模	人工拆模

图 1-2-12　流水线生产工艺

2. 半自动生产线

半自动生产线实现了图样输入、模板清理、划线、组模、脱模剂喷涂、混凝土浇筑、振捣等自动化，但不包括全自动钢筋加工设备，钢筋加工和入模仍然需要人工作业。

3. 全自动生产线

全自动生产线通过电脑编程软件控制，自动完成模板清理、机械手划线、机械手组模、脱模剂自动喷涂、钢筋自动加工、钢筋机械手入模、混凝土自动浇筑、机械自动振捣、计算机控制自动养护、翻转机、机械手抓取边模入库等全部工序。全自动生产线具有效率高、产品质量有保障和节约劳动力的优势。

(二)车间布置

生产车间的布置通常考虑三层关系：一是生产主线与其他辅助生产线的关系；二是主要设备与辅助设备之间的关系；三是建筑的柱网、层高应符合建筑模数制关系。车间生产线布置示意图如图 1-2-13 所示。

生产主线是指在该线上安装主要生产设备，布置生产线上的大部分工序，实现生产线上的大部分工艺过程。预制构件生产线有生产主线和生产辅助线两类。

图 1-2-13　车间生产线布置示意图

以预制叠合剪力墙全自动生产工艺为例，生产线由托盘流水线、边模流水线、钢筋流水线、混凝土流水线、信息控制流水线和计算机中央控制系统等组成。生产主线为托盘清洗、划线、置模、钢筋入模、预埋件安装、混凝土布料、密实抹平、混凝土养护、脱模起吊等大部分工序，从而实现了制作叠合剪力墙的大部分工艺过程。混凝土搅拌站和钢筋加工中心属于辅助生产线。生产线流水示意图如图 1-2-14 所示。

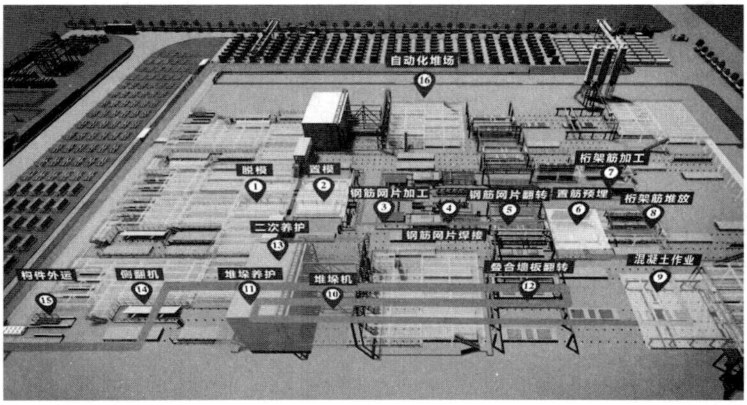

图 1-2-14　生产线流水示意图

生产线按预制构件制造工艺原理，结合生产计划及预制场地情况进行总体设计，选择场内生产设施和辅助设施的合理位置及其管理方式，尽量做到前后工序衔接顺畅、物流合理、生产规模满足工程工期并适度预留余量，使各种物资以最高效率组合成为最终合格产品。

辅助生产线的布置应该围绕生产主线布置，为了减少混凝土运送时间，搅拌站的位置一般设置在距生产线布料点比较近的地方，通常设置在车间端部或端部侧面，也可以满足设置废水处理系统和废料回收系统的搅拌站的操作。

目前，国内预制工厂的钢筋加工大都还处在人工与设备配合的半自动化阶段，通常各构件工艺的钢筋加工都会设置钢筋加工中心，将钢筋加工中心与构件制作布置在一个厂房内。钢筋生产线主要负责外墙板、内墙板、叠合板及异型构件生产线的钢筋加工制作，钢筋成品、半成品类型主要有箍筋、拉筋、钢筋网片和钢筋桁架等。钢筋生产线主要分为原材料堆放区、钢筋加工区、半成品堆放区、成品堆放区、钢筋绑扎区等。钢筋生产线宜紧邻构件生产线钢筋安装区布置；原材料堆放区域周边设置大型运输车辆通道；生产线所有区域均在桁吊吊装范围内。

预制构件车间布置时，要合理地安排生产设施的位置及关联方式，使各种物资以最高效率组合为产品服务。在进行设施布置时，尽可能考虑遵守以下原则，并考虑搬运要求。

(1)系统性原则，整体优化，不能追求个别指标先进；

(2)近距离原则，在环境与条件允许的情况下，设施之间距离最短，减少无效运输，降低物流成本；

(3)场地与空间有效利用原则，空间充分利用，有利于节约资金；

(4)机械化原则，既要有利于自动化的发展，还要留有适当的余地；

(5)安全方便原则，保证安全，不能一味地追求运输距离最短；

(6)投资建设费用最小原则，使用最少的投资达到系统功能要求；

(7)便于科学管理和信息传递原则，信息传递与管理是实现科学管理的关键。

三、实施成果

预制构件典型的生产线类型是环形生产线。

预制构件厂的工艺技术装配应根据其定位和规模来确定。对于年生产能力大于 20 万 m^3 的大型集团公司，可配置 3～4 条综合流水线、1 条固定生产线和 1 条钢筋加工线；对于年生产能力 15 万～20 万 m^3 的预制构件厂，可配置 2 条综合流水线、1 条固定模台生产线和 1 条钢筋加工线；对于年生产能力 10 万～15 万 m^3 的预制构件厂，可配置 1 条综合流水线、1 条固定模台生产线和 1 条钢筋加工生产线。

【相关知识】

(一)管理要点

1. 原材料检验

(1)原材料生产供应商应具备相应的资质或资格。

(2)原材料储存的数量应满足工厂正常生产需要，经检验合格的原材料应及时按规定进行标识。对有存储期要求的原材料，应根据生产实际情况进货，原则上应在规定期内使用完毕，如遇特殊情况，储存期超过规定时间，应按规定重新进行性能检测，合格后方可使用，不合格禁止使用。

(3)生产企业应建立原材料管理台账，包括进货日期(批次)、材料名称、品种、规格、数量、生产供应单位、质量证明书编号、质量检测资料编号、质量检测结果和不合格原材料的处理情况。原材料检验记录表见表 1-2-1。

表 1-2-1　原材料检验记录表

××公司来料检验记录表

一、来料基本情况

1. 送货如期：____________　　供应商：____________

2. 送货单编号：____________　　订货单编号：____________

3. 材料名称：____________　规格型号：____________　送货数量：____________

4. 生产批次：____________　　使用项目：____________

二、来料检验项目

1. 证明资料（产品质量证明书/检验报告）　　有□　无□

2. 外观检验（有无标识、包装是否完好）　　有□　无□

3. 尺寸/质量检测：实际测量尺寸/质量为____________

4. 与合约中品牌规格及生产厂家（或项目提供样板）是否一致　　有□　无□
（如不一致，供应商提供的品牌、规格型号，可否替代使用）

5. 是否需要做进一步检测　　有□　无□
（如需要请列出做进一步检测试验名称及结果）

6. 其他检验项目

三、来料检验判定结果

1. 来料合格，接收。　□

2. 来料不合格，拒收。　□

四、备注

检验人：

年　月　日

2. 设备维护

（1）根据设备情况，制定设备管理制度并责任到人，人员上岗前，需要进行培训。涉及特种设备的，还需要进行安全培训，并做好记录。

（2）重视设备的日常检查维护，制定设备点检标准并做好相应的记录。

（3）交接班时，按照规定做好设备的日常维护和保养，并做好记录。

（4）根据设备说明书或保养手册的规定，制定日检、周检、月检、年检的项目和内容。

（5）设备维护要做到“清洁、润滑、紧固、调整、防腐”十字作业。

（6）设备保养可按日常保养、一级保养（周）、二级保养（月）、三级保养（季）四个级别进行。日常保养、一级保养：应对生产设备的润滑和坚固连接件进行检查及维修；二级保养：应对生产设备进行坚固连接件，传动及制动机构进行检查及维修；三级保养：应对生产设备进行解体检查，更换零件及除锈补漆作业。送料车保养规程及记录要求如图 1-2-15 所示。

操作规程

一、开机前的检查和保养

1. 检查电源指示灯是否亮。

2. 检查滑触线是否有松动的地方，轨道是否有异常。

3. 按前进和后退按钮，检查是否起作用，并确认声光报警器是否正常工作。

4. 按停止按钮，检查遥控器上的前进/后退是否起作用。

二、设备的启动及正常生产

打开遥控器上的启动开关，在确保轨道上无遮挡物的情况下，按前进按钮控制设备到指定位置，行驶过程中时刻关注送料车运行轨迹，操作人员要确保送料车在自己的视线范围内，到搅拌站和下料处时，提前减速，观察通行。

三、工作完成后

1. 将设备停放在指定位置。

2. 按急停按钮，使遥控器操作无效。

3. 切断设备电源，检查电箱门是否关好。

4. 将跑车电机、减速机、电线上的混凝土清理干净。

5. 设备需防锈处及时防锈保养。

<table>
<tr><td></td><td></td><td>设备名称</td><td colspan="3">筒式送料小车</td><td></td><td colspan="4"></td><td rowspan="2">负责人</td></tr>
<tr><td>发行单位</td><td>生产管理部</td><td>制作</td><td colspan="3">生产管理部</td><td></td><td colspan="4">保养日期</td></tr>
<tr><td colspan="3" rowspan="8">
</td><td rowspan="8">点检表</td><td>保养项目</td><td>保养基准</td><td>保养方法</td><td>每班</td><td>周</td><td>月</td><td>半年</td><td>操作工</td></tr>
<tr><td>滑触线</td><td>完好</td><td>目测</td><td>1</td><td></td><td></td><td></td><td>操作工</td></tr>
<tr><td>轴承</td><td>是否缺油</td><td>油枪</td><td></td><td></td><td>1</td><td></td><td>操作工</td></tr>
<tr><td>减速机</td><td>无异常响动</td><td></td><td>1</td><td></td><td></td><td></td><td>操作工</td></tr>
<tr><td>光电开关</td><td>正常</td><td>更换</td><td></td><td></td><td>1</td><td></td><td>操作工</td></tr>
<tr><td>集电器</td><td>正常</td><td>更换</td><td>1</td><td></td><td></td><td></td><td>操作工</td></tr>
<tr><td>翻转电机</td><td>完好</td><td></td><td>1</td><td></td><td></td><td></td><td>操作工</td></tr>
<tr><td>转动部件</td><td>无漏油</td><td></td><td>1</td><td></td><td></td><td></td><td>操作工</td></tr>
</table>

图 1-2-15　送料车保养规程及记录要求

(7)特种设备应按照规定进行年审。

【问题与讨论】

1. 哪些预制构件适用于流水线施工工艺?
2. 预制构件生产工序中哪些属于主要生产线?哪些属于辅助生产线?
3. 如何选择合适的流水线生产车间布置形式?

子项目三　预制构件加工及运输

任务一　预制构件的制作流程

一、知识目标

1. 学会预制混凝土构件的制作流程;
2. 学会预制混凝土构件生产的过程控制的主要参数。

二、能力目标

学生具有掌握预制混凝土构件工艺流程,能够按照规范要求组织生产预制构件的能力。

三、素质目标

1. 通过任务引领的项目化教学,培养学生综合分析问题的能力及严谨细致的工作态度;
2. 通过拓展知识训练,培养学生自主学习意识和自学能力;
3. 开展小组教学,培养学生的团结、合作精神。

【案例描述】

中新绿建(天津)利达建筑产业化基地,预制混凝土剪力墙外墙板生产线生产能力为178.2 m^3/天,年产能为53 460 m^3(一年按300天计算);预制混凝土剪力墙内墙板生产线生产能力为142.56 m^3/天,年产能为42 768 m^3(一年按300天计算);预制钢筋混凝土板式楼梯生产线日生产双跑楼梯36 m^3,年产能为10 800 m^3(一年按300天计算)。

【案例背景】

预制构件生产厂应具备相应的资质等级,建立一套完善的预制构件加工质量管理体系,具有预制构件生产加工经验和必备试验检测手段。

预制构件加工制作前应审核预制构件深化设计加工图，具体内容包括：预制构件模板图、配筋图，预埋吊件及其埋件的细部构造图等；预制构件脱模、翻转过程中混凝土强度；构件承载力、变形；吊具、预埋吊件承载力等。

预制构件加工前应编制生产加工方案，具体内容包括：生产工艺及计划、模板方案及计划、技术质量控制措施、成品保护等内容。

【项目实施】

一、任务下达

预制混凝土构件的生产流程为：模台清理→划线→涂刷脱模剂（缓凝剂）→模具组装→钢筋入模→预埋（管线、预埋件、门窗）→隐蔽工程验收→混凝土浇筑与振捣→混凝土养护→脱模、起吊→表面处理→质量检验→构件标识→构件储存。

二、任务实施

1. 模具、模台清理

模台面的焊渣或焊疤，应使用角磨机上砂轮布磨片打磨平整；模台面如有混凝土残留，应首先使用钢铲去除残留的大块混凝土，之后使用角磨机上钢丝轮去除其余的残留混凝土；模台面有锈蚀、油泥时，应首先使用角磨机上钢丝轮大面积清理，之后用信纳水反复擦洗直至模台清洁；模台面有大面积的凹凸不平或深度锈蚀时，应使用大型抛光机进行打磨。模具与模台清理如图 1-3-1 所示。

图 1-3-1　模具与模台清理

流动模台清理多采用自动清扫设备。流动模台进入清扫工位前，提前清理残留的大块混凝土；进入清扫工位时，清扫设备自动下降紧贴模台，前端刮板铲除污物，后端圆盘滚刷扫掉表面浮灰，与设备相连的吸尘装置自动将灰尘吸入收尘袋。流动模台清理如图 1-3-2 所示。

自动流水线划线机根据预先输入控制系统的预制构件、模具、生产计划等信息，在模台上自动划出组模标线，如图 1-3-3 所示。

图 1-3-2　流动模台清理

图 1-3-3　自动流水线划线

在模具拼装部位粘贴密封条防止漏浆。

非自动化生产线可用滚刷和棉抹布手工擦拭模具。脱模剂使用前需要搅匀，如有沉淀，搅匀后不影响效果。在预先处理的清洁模具上，用脱模剂在模具上擦一次，使其完全覆盖在模具上，形成一层透明的薄膜，然后用拧干的棉抹布复擦一次。已涂刷脱模剂的模具，必须在规定的有效时间内完成混凝土浇筑。脱模剂必须当天配制当天使用，盛装脱模剂的容器必须每天清洗。

自动化生产线一般配备脱模剂自动喷涂设备。脱模剂自动喷涂设备在喷涂前应搅匀脱模剂，防止沉淀；脱模剂的稀释比例应满足脱模和喷涂设备的使用要求；根据不同的模具，设定好喷涂范围、喷头高度、喷涂速度等参数，在预先处理的清洁模具上，先试喷一下，查看喷头的雾化效果，必要时调整脱模剂的稀释比例或喷头距模板面的距离，直至脱模剂雾化良好、喷涂均匀；启动自动模式进行喷涂，随时查看喷涂效果，发现喷涂效果变化及时调整。涂刷脱模剂如图 1-3-4 所示。

在模板表面涂刷缓凝剂是为了延缓预制构件与模板接触面混凝土的强度增长，以便于在预制构件脱模后对需要做成粗糙面的表面进行后期处理。使用缓凝剂后，在预制构件蒸汽养护结束脱模后，用压力水冲刷需要做粗糙面的混凝土表面，通过灵活控制冲刷时间和缓凝剂的用量，可以控制粗糙面骨料外露的深浅，达到设计要求的混凝土粗糙面效果。涂刷缓凝剂的方法操作简单，取代了原来烦琐的施工方法，对混凝土其他部位没有任何伤害，节省了大量的工作时间，降低工人劳动强度，消除了粉尘污染，节约了财力、物力，降低了成本。

图 1-3-4 涂刷脱模剂

2. 台模涂刷脱模剂

用刷子或滚筒在需要涂刷缓凝剂的模板表面均匀涂刷一层缓凝剂，不得漏涂。涂刷缓凝剂时，除了需要涂刷缓凝剂的部位外，缓凝剂不得沾染到其他部位。等待缓凝剂自然风干，在模板上形成一层可溶于水的缓凝剂薄膜。已涂刷缓凝剂的模具，必须在规定的有效时间内完成混凝土浇筑。盛装缓凝剂的容器必须每天清洗，并不得与其他容器混用。凡换用新品种、新工艺的缓凝剂时，需先做可行性试验，以求达到最佳使用效果。

3. 构件支模

自动流水线的机械手根据划线信息，从指定的模具存放位置夹取模具并放置在指定位置（以所划标线为准）；自动将模具位置调整准确后，机械手打开模具上的磁力开关将模具固定在模台上；夹取下一个模具进行安装。模具组装完毕后依照图样检验模具，及时修正错误；自检无误后报质检员复检。人工模具组装、机械手模具组装分别如图 1-3-5、图 1-3-6 所示。

图 1-3-5 人工模具组装

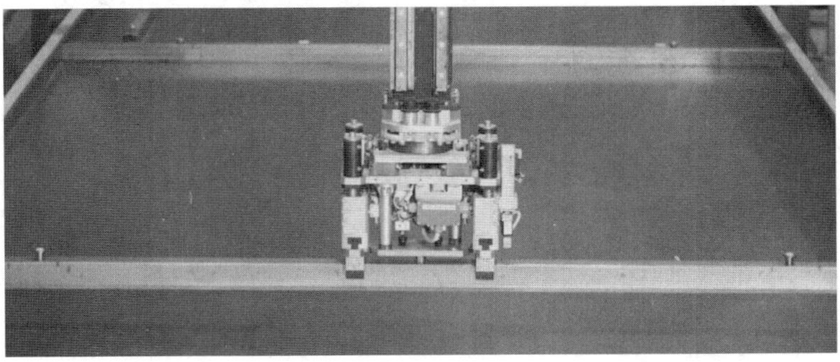

图 1-3-6 机械手模具组装

4. 钢筋铺设

钢筋入模分为钢筋骨架整体入模和钢筋半成品模具内绑扎两种方式。一般钢筋绑扎区面积较大，钢筋骨架堆放位置充足、预制构件无伸出钢筋或伸出钢筋少且工艺允许钢筋骨架整体入模的，应采用钢筋骨架整体入模方式；否则，应采用模具内绑扎的方式。在条件允许的情况下，应尽可能地采用模外绑扎整体入模的方式，以提高施工效率，钢筋入模如图 1-3-7 所示。

图 1-3-7　钢筋入模

采用钢筋骨架整体入模时，钢筋骨架应绑扎牢固，防止吊运入模时变形或散架；钢筋骨架整体吊运时，宜采用吊架多点水平吊运，避免单点斜拉导致骨架变形；钢筋骨架吊运至工位上方，宜平稳、缓慢下降至距模具最高处 300～500 mm；2 名工人扶稳骨架并调整好方向后，缓慢下降吊钩，使钢筋骨架落入模具内；撤去吊具后，根据需要对钢筋骨架位置进行微调；在模具内绑扎必要的辅筋、加强筋等。

5. 绑扎钢筋网片

采用钢筋半成品模具内绑扎时，如图 1-3-8 所示，将需要的钢筋半成品运送至作业工位；在主筋或纵筋上测量并标示分布筋、箍筋位置；根据预制构件配筋图，将半成品钢筋按顺序排

图 1-3-8　钢筋绑扎

布于模具内，确保各类钢筋位置正确；2 名工人在模具两侧根据主筋或纵筋上的标示绑扎分布筋或箍筋；单层网片宜先绑四周再绑中间，绑中间时应在模具上搭设挑架；双层网片宜先绑底层再绑面层；面层网片应满绑，底层网片可四周两档满绑，中间间隔呈梅花状绑扎，但不得存在相邻两道未绑的现象；架起钢筋应绑扎牢固，不得松动、倾斜；绑丝头宜顺钢筋紧贴，双层网片钢筋头可朝向网片内侧；绑扎完成后，应清理模具内杂物、断绑丝等。

6. 预埋件预埋预留

固定预埋件前，应检查预埋件型号、级别、规格尺寸、预埋件平整度、锚固长度、预埋件焊接质量等，预埋件的固定必须位置准确，在混凝土浇筑振捣过程中不得发生移位。

预埋线盒和管线时，必须与模板或钢筋固定牢固，如图 1-3-9 所示，并将孔隙堵塞严密，避免水泥砂浆进入。

预埋螺栓、吊具等应采用工具式卡具固定，并应保护好丝扣。

带门窗框的预制构件制作时，门窗框应在浇筑混凝土前预先放置并固定，固定时应采取防止污染窗体表面的保护措施。当采用铝框时，应采取避免铝框与混凝土直接接触发生电化学腐蚀的措施。门窗预埋时，应采取措施控制温度或受力变形对门窗产生的不利影响。

连接钢筋与全灌浆套筒安装时，应将钢筋逐根插入灌浆套筒内，插入深度应满足设计锚固深度要求；钢筋安装时，应将其固定在模具上，灌浆套筒与柱底、墙底模板垂直，如图 1-3-10 所示，采用橡胶环、螺杆等固定，避免混凝土浇筑振捣时灌浆套筒和连接钢筋移位；与灌浆套筒连接的灌浆管、出浆管应定位准确、安装稳固；应采取防止混凝土浇筑时向灌浆套筒内漏浆的封堵措施。半灌浆套筒连接，机械连接端的钢筋丝头加工、连接安装质量均应符合相关要求。

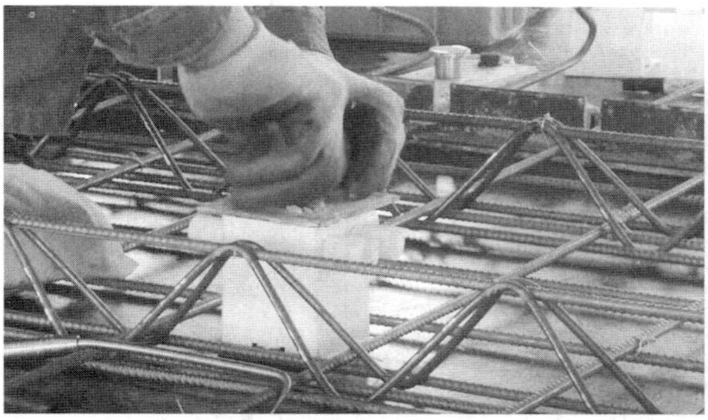

图 1-3-9　预埋线盒固定

图 1-3-10　灌浆套筒固定

7. 隐蔽前专业验收

隐蔽工程验收的内容包括：钢筋的牌号、规格、数量位置和间距；纵向受力钢筋的连接方式、接头位置、接头质量、接头面积百分率、搭接长度、锚固方式及锚固长度；箍筋弯钩的弯折角度及平直段长度；钢筋的混凝土保护层厚度；预埋件、灌浆套筒、预留孔洞、金属波纹管的规格数量位置及固定措施；预埋线盒和管线的规格、数量、位置及固定措施；夹芯外墙板的保温层位置和厚度，拉结件的规格、数量和位置；预应力筋及其锚具连接器和锚垫板的品种、规格、数量、位置；预留孔道的规格、数量、位置，灌浆孔、排气孔、锚固区局部加强构造。隐蔽工程验收如图 1-3-11 所示。

作业班组对完成的隐蔽工程进行自检，认为所有项目合格后在隐蔽工程质量管理表上签字。作业班组负责人应将报检的预制构件型号、模台号、作业班组等信息告知驻厂监理工程师

图 1-3-11　隐蔽工程验收

及专业质检人员。驻厂监理工程师及专业质检人员根据报检信息和相关要求及时验收。验收如果存在不合格项,应进行整改,整改后再次进行验收,直至合格。验收合格后可进入下一道工序。

8. 混凝土输送

按照生产计划混凝土用量制备混凝土。混凝土浇筑前,预埋件及预留钢筋的外露部分宜采取防止污染的措施。混凝土浇筑过程中,注意对钢筋网片及预埋件的保护,保证模具、门窗框、预埋件、连接件不发生变形或者移位,如有偏差应采取措施及时纠正。混凝土输送如图 1-3-12 所示。

图 1-3-12　混凝土输送

混凝土应均匀连续浇筑。混凝土从出机到浇筑完毕的延续时间,气温高于 25 ℃时不宜超过 60 min,气温不高于 25 ℃时不宜超过 90 min。混凝土投料高度不宜大于 600 mm,并应均匀摊铺。混凝土浇筑时应采取可靠措施按照设计要求在混凝土构件表面制作粗糙面和键槽。混凝土浇筑应按照构件检验要求制作混凝土试块。混凝土浇筑如图 1-3-13 所示。

9. 布料机布料

带保温材料的预制构件宜采用水平浇筑方式成型,保温材料在底层混凝土初凝前铺设,并与底层混凝土固定;当多层铺设保温材料时,上、下层保温材料接缝应相互错开;当采用垂直浇筑成型工艺时,保温材料可在混凝土浇筑前放置固定。按设计要求检查连接件在混凝土中的

图 1-3-13　混凝土浇筑

定位偏差，连接件穿过保温材料处应填补密实。

混凝土宜采用机械振捣方式成型。振捣设备应根据混凝土的品种、工作性能、预制构件的规格和形状等因素确定。振捣台振捣如图 1-3-14 所示。

图 1-3-14　振捣台振捣

当采用振捣棒时，混凝土振捣过程中不应碰触钢筋骨架、面砖和预埋件。混凝土振捣过程中，应随时检查模具有无漏浆、变形或预埋件有无移位等现象，应充分有效振捣，避免出现漏振造成的蜂窝、麻面现象。

10. 构件拉毛

采用后浇混凝土或砂浆、灌浆料连接的预制构件结合面，制作时应按设计要求进行粗糙面处理。设计无具体要求时，可采用化学处理、拉毛或凿毛等方法制作粗糙面。预制构件拉毛如图 1-3-15 所示。

混凝土振捣后应当至少进行一次抹压，浇筑完成后进行一次收光。在收光过程中检查外露的钢筋及预埋件，并按照要求调整。

11. 构件养护

混凝土浇筑完毕或压面工序完成后应及时覆盖保湿，脱模前不得揭开。

预制构件的养护分为自然养护和加热养护，常用的是加热养护的方式。加热养护可选择蒸汽加热、电加热或模具加热等方式。加热养护温度应通过试验确定，宜采用加热养护温度自

图 1-3-15　预制构件拉毛

动控制装置，进行温控可避免预制构件出现温差裂缝。加热养护在常温下预养护 2～6 h，升、降温速度不宜超过 20 ℃/h，最高养护温度不宜超过 70 ℃。由于有机保温材料在较高温度下会产生热变形，影响产品质量，因此夹芯保温外墙板最高养护温度不宜大于 60 ℃。预制构件蒸汽养护如图 1-3-16 所示。

图 1-3-16　预制构件蒸汽养护

12. 构件拆模、起吊

预制构件脱模时的表面温度与环境温度的差值不宜超过 25 ℃。预制构件脱模起吊时的混凝土强度应计算确定，且不宜小于 15 MPa。预制构件拆模如图 1-3-17 所示。

图 1-3-17　预制构件拆模

平模工艺生产的大型墙板、挂板类预制构件宜采用翻板机翻转直立后再行起吊，如图 1-3-18 所示；设有门洞、窗洞等较大洞口的墙板，脱模起吊时应进行加固，防止扭曲变形造成的开裂。

图 1-3-18　预制构件起吊

13. 表面处理

构件脱模后，不存在影响钢筋、预埋件或者连接件锚固的局部破损和表面的非受力裂缝时，可用修补浆料进行表面修补后使用。

表面带有装饰性石材或瓷砖的预制构件，脱模后应对石材或瓷砖表面进行检查和清理。先去除石材或瓷砖缝隙部位的预留封条和胶带，再用清水刷洗；清理完成后宜对石材或瓷砖表面进行保护。

14. 质量检验

预制构件在出厂前应进行成品质量验收，其检查项目包括外观质量、外形尺寸、钢筋连接、套筒预埋件、预留孔洞、外装饰和门窗框，如图 1-3-19 所示，其检查方法和结果应符合现行国家标准的规定。

图 1-3-19　预制构件质量检验

15. 构件标识

预制构件脱模后应在其表面醒目位置按构件设计制作图的规定对每个构件编码（图 1-3-20）；验收合格后，应在明显部位标识构件型号、生产日期和质量验收合格标志。预制构件生产企业应按照有关标准和合同要求，对其供应的产品签发产品质量证明书，明确重要参数，有特殊要求的产品还应提供安装说明书。

图 1-3-20　预制构件二维码标识

三、实施成果

1. 构件验收

(1)构件生产和出厂前应组织设计人员、监理人员、质检人员等开展构件首件验收工作，如图 1-3-21 所示。

图 1-3-21　构件验收

(2)首件验收的内容可包括原材物料、模具制作、隐蔽施工、构件尺寸等，验收标准应符合相关技术标准文件的规定。

(3)首件验收未通过的产品经修补整改后，再进行复评验收。

(4)首件验收构件应包括工程项目中的应用构件，并应填好验收记录，各方签字归档。

2. 出厂检验

(1)产品出厂时必须进行出厂检验，检查其外观是否有缺陷、损坏，检查成品的铝窗保护纸是否完整，外伸钢筋是否清洁干净，产品上检验标识是否齐全等，合格后方可出厂。

(2)预制构件出厂时，混凝土强度应达到设计强度的 75%以上。

(3)预制构件的结构性能检验方法、检验参数和检验指标应符合设计要求和《混凝土结构工程施工质量验收规范》(GB 50204—2015)的相关规定。

(4)预制构件在运输前应做好成品质量保护措施。设置柔性垫片避免预制构件边角部位混凝土的破损。对于超高、超宽、形状特殊构件的运输和堆放，应设专门的质量保护措施。

(5)预制构件经检验并签发合格证后，方可出厂，合格证应包括以下内容：① 合格证编号；

② 生产企业名称、生产时间及出厂日期；③ 标识、规范及数量；④ 混凝土质量相关证明文件；⑤ 钢筋力学性能的评定结果；⑥ 外观质量和规格尺寸检验结果；⑦ 其他检验部门、检验负责人签字或者盖章的相关资料。

【相关知识】

(一) 装配式混凝土预制构件认识

在装配式混凝土结构中，常用的预制混凝土构件主要包含预制剪力墙、预制叠合板、预制叠合梁、预制柱、预制外挂墙板、预制楼梯、预制叠合阳台板、预制女儿墙等，如图 1-3-22 所示。其中，以预制叠合板、预制叠合梁、预制楼梯等构件类型应用范围最广，并逐步向预制柱、预制剪力墙、预制外挂墙板等功能性部品部件等方向发展。随着装配式技术应用的建筑类型的扩展，预制构件也会得到更大的发展。

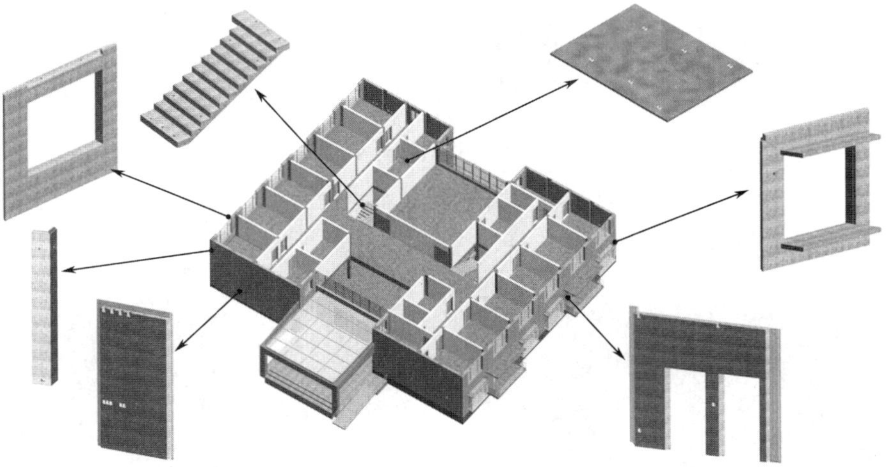

图 1-3-22 装配式混凝土结构中预制构件

预制构件的设计应当是建筑设计与工业产品设计的完美结合，建筑工程师及结构工程师对此应有充分的认识，掌握必要的知识和技能。

预制构件的设计要求与现浇混凝土结构构件的有很大的不同，需要考虑的因素更多：既要考虑结构整体性能的合理性，还要考虑构件结构性能的适宜性；既要满足结构性能的要求，还要满足使用功能的需要；既要符合设计规范的规定，还要符合生产和安装施工工艺的要求；既要受单一构件尺寸公差和质量缺陷的控制，还要与相邻构件进行协调；同时还要与材料、环境、部品集成、运输、堆放有关。

随着工程实践的不断丰富，特别是随着新型复合材料的综合运用、基于性能目标设计方法的成熟使用、建筑产品集成度的提高、生产和施工工艺的发展等，预制构件的设计原则还会不断地得到丰富、完善和发展。

1. 预制剪力墙

预制剪力墙构件是在装配式结构中的重要承重构件。预制剪力墙根据使用位置不同分为预制剪力墙外墙板和预制剪力墙内墙板。

预制外墙板

(1)预制剪力墙外墙板。预制剪力墙外墙板由内叶墙板、外叶墙板与中间保温板之间通过连接件浇筑而成,也称为预制混凝土夹心保温剪力墙墙板(又称预制三明治外墙),如图 1-3-23 所示。内叶墙板为预制混凝土剪力墙,外叶板为钢筋混凝土保护层,两者之间夹有保温层。预制剪力墙外墙板是集承重、围护、保温、防水、防火等功能为一体的重要装配式预制构件。内叶墙板侧面在施工现场通过预留钢筋与现浇剪力墙边缘构件连接,底部通过钢筋灌浆套筒与下层预制剪力墙预留钢筋相连,如图 1-3-24 所示。

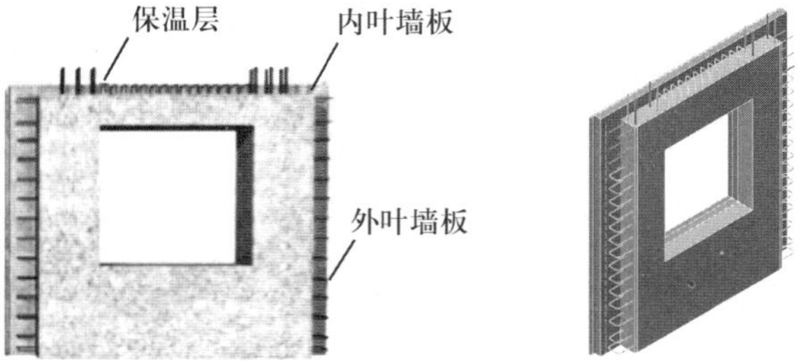

图 1-3-23　预制剪力墙外墙板示意图

(2)预制剪力墙内墙板。预制剪力墙内墙板是布置在装配式混凝土建筑内部,起着分隔房间、承受楼板荷载等作用,如图 1-3-25 所示。

图 1-3-24　预制剪力墙外墙板实体

图 1-3-25　预制剪力墙内墙板实体

预制内墙板

(3)叠合板式剪力墙。叠合板式剪力墙技术源于欧洲。该种结构体系在德国等国家已经得到广泛的应用,具有施工方便快捷,有利于环保、工业化生产,构件质量容易控制等优点,但基本上都没有考虑抗震设防的问题。

近年来,叠合板式剪力墙技术引入国内,在推广之前,科研工作者和企业积极开展了关于叠合板式剪力墙的研究,在一些地区已经得到推广并有相应的地方规范和标准的颁布。主要有安徽省地方标准《叠合板混凝土剪力墙结构技术规程》(DB34/T 810—2020)、湖南省地方标准《混凝土装配-现浇式剪力墙结构技术规程》(DBJ43/T 301—2015)、浙江省地方标准《叠合板式混凝土剪力墙结构技术规程》(DB33/T 1120—2016)、黑龙江省地方标准《预制装配整体式房屋混凝土剪力墙结构技术规程》(DB23/T 1836—2016)、上海市工程建设规范《装配整体式叠合剪力墙结构技术规程》(DG/TJ 08-2266—2018)、湖北省地方标准《装配整体式混凝土叠合剪力墙结构技术规程》(DB42/T 1483—2018)等。

《预制装配整体式房屋混凝土剪力墙结构技术规程》中定义叠合板式剪力墙，是由两层预制混凝土薄板通过格构钢筋连接制作而成的预制混凝土墙板，经现场安装就位并可靠连接后，在两层薄板中间浇筑混凝土而形成的装配整体式预制混凝土剪力墙。叠合板剪力墙实体如图1-3-26所示。

图 1-3-26 叠合板式剪力墙实体

在工厂生产预制构件时，在预制墙板的两层之间、预制楼板的上面，设置格构钢筋，既可作为吊点，又增加平面外刚度，防止起吊时开裂。预制构件及格构钢筋示意图如图1-3-27所示。在使用阶段，格构钢筋作为连接墙板的两层预制片与二次浇筑夹心混凝土之间的拉接筋，作为叠合楼板的抗剪键，对提高结构整体性和抗剪性能具有重要作用。由于板与板之间内含空腔，现场安装就位后再在空腔内浇筑混凝土，由此形成的预制和现浇混凝土整体受力的墙体俗称“双皮墙”。

(a) 预制墙板　(b) 预制楼板（上面浇筑叠合层）　(c) 格构钢筋

图 1-3-27 预制构件及格构钢筋示意图

叠合板式剪力墙的竖向连接同常规预制剪力墙不同，它是通过空腔内插筋，然后内浇混凝土，将上下墙体连接成整体，结合面更大了。钢筋约束浆锚搭接连接技术，如图1-3-28所示，构造简单、安装方便，在满足结构安全性要求的同时，比其他同等连接方式的成本更低，每平方米造价可节约20元。

2. 叠合板

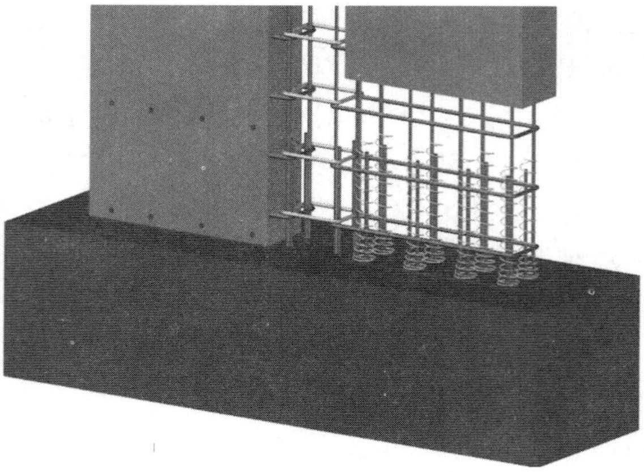

图 1-3-28 约束浆锚搭接连接技术

叠合板是由预制板和现浇钢筋混凝土层叠合而成的装配整体式楼板。预制板既是楼板结构的组成部分之一,又是现浇钢筋混凝土叠合层的永久性模板。现浇叠合层内可敷设水平设备管线。叠合楼板整体性好,板的上下表面平整,便于饰面层装修,适用于对整体刚度要求较高的高层建筑和大开间建筑。

叠合板分为带桁架钢筋和不带桁架钢筋两种。当叠合板跨度较大时,为了满足预制板脱模吊装时的整体刚度与使用阶段的水平抗剪性能,可在预制板内设置桁架钢筋(图 1-3-29 至图 1-3-32)。当未设置桁架钢筋时,叠合板的预制板与后浇混凝土叠合层之间应设置抗剪构造钢筋,国内应用比较少。

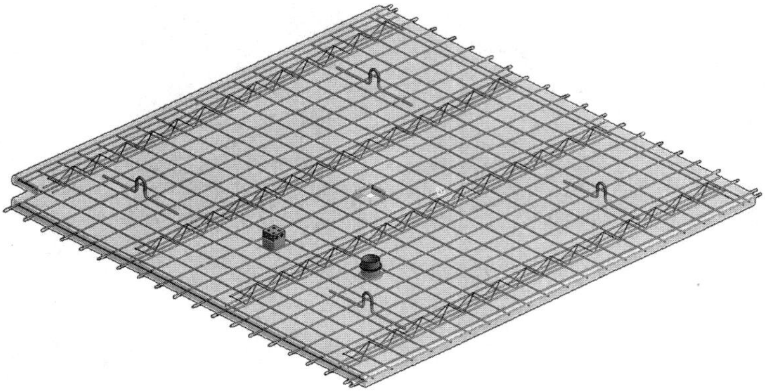

图 1-3-29 叠合板设置桁架钢筋示意图

预制叠合板构件

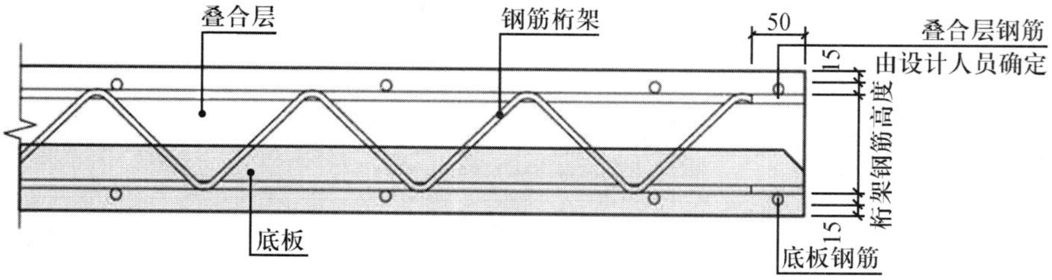

图 1-3-30 叠合板桁架钢筋剖面图

预制桁架钢筋叠合板起源于 20 世纪 60 年代的德国,采用在预制混凝土叠合底板上预埋三角形桁架钢筋的方法,现场铺设叠合楼板完成后,再在底板上浇筑一定厚度的现浇混凝土,形成整体受力的叠合楼盖。预制桁架钢筋叠合板实体如图 1-3-33 所示。

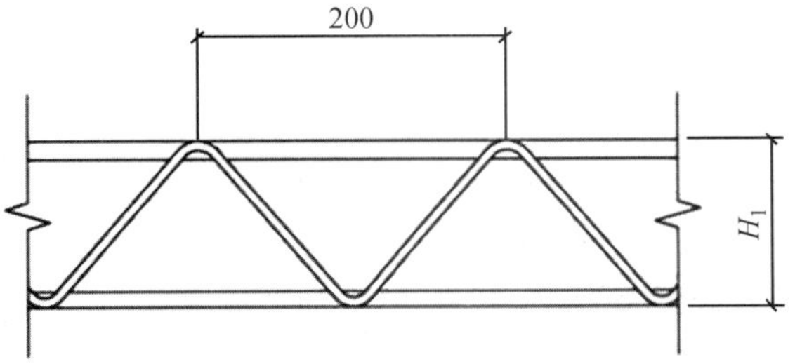

图 1-3-31　钢筋桁架立面图

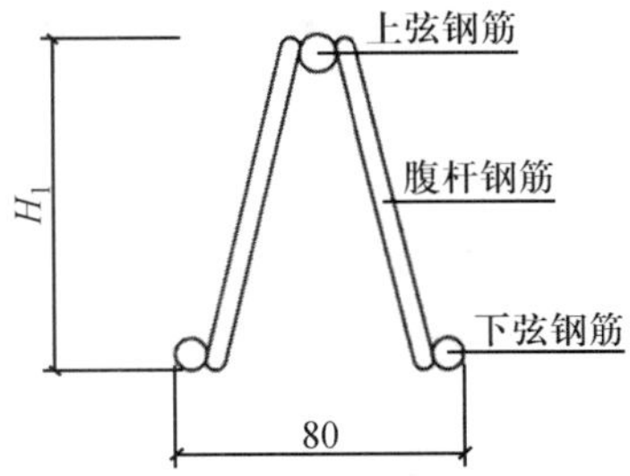

图 1-3-32　钢筋桁架剖面图

图 1-3-33　预制桁架钢筋叠合板实体

预制桁架钢筋叠合底板能够按照单向受力和双向受力进行设计，经过数十年研究和实践，其技术性能与同厚度现浇的楼盖性能基本相当。

欧洲和日本叠合板均为单向板，规格化产品，板侧不出筋，如图 1-3-34 所示。即使符合双向板条件的叠合板也同样做成单向板，给自动化生产带来很大的便利。双向板虽然在配筋上较单向板节省，但如果板侧四面都要出筋，现场浇筑混凝土后浇带，代价更大，得不偿失。

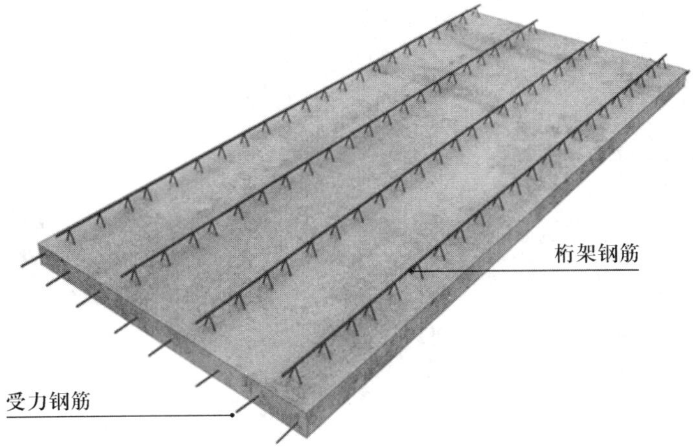

图 1-3-34　预制桁架钢筋叠合单向板

21世纪初，万科集团、宝业西韦德等企业在装配式建筑中进行了大量的尝试，这一技术也被纳入《装配式混凝土结构技术规程》(JGJ 1—2014)，并制定了配套的国家标准图集，在国内装配式混凝土建筑中成为主流的预制构件之一。

近年来，国内通过大量的科研和实验，提出了“四面不出筋”的预制桁架钢筋叠合板(图1-3-35)的应用，叠合板依靠后浇层和附加钢筋满足相应的设计要求。四面不出筋后的叠合板，更好地解决了叠合板制作和后期施工中的叠合板间的连接问题，同时极大地提高了装配式建筑的工业化和自动化的效率。中国工程建设标准化协会标准《钢筋桁架叠合楼板应用技术规程》已通过审查。其中对“四面不出筋”等做法均做了相应规定。

图 1-3-35 “四面不出筋”的预制桁架钢筋叠合板

3. 叠合梁

叠合梁是指在预制钢筋混凝土梁上后浇混凝土形成的整体受弯梁，如图1-3-36所示。叠合梁一般分两步实现装配和完整度：第一步是在工厂内浇筑完成，通过模具，将梁内底筋和箍筋与混凝土浇筑成型，并预留连接节点；第二步是在施工现场浇筑完成，绑扎上部钢筋与叠合板一起浇筑成整体。所以叠合梁通常与叠合板配合使用，浇筑成整体楼盖。

图 1-3-36 预制叠合梁

叠合梁

叠合梁采用预制地梁作为永久性模块，在上部现浇混凝土与楼板形成整体，如图1-3-37所示，它体现了预制构件和现浇结构的互相结合，同时兼有两者的优点。

自20世纪60年代起，国内外学者对叠合梁叠合面处的应力状态及叠合面的抗剪强度进行了大量的理论分析和实验研究，已得出比较一致的结论：通过对叠合面采取适当的构造措施，完全可以保证叠合梁的共同工作。

图 1-3-37　叠合梁

叠合梁按预制部分的截面形式可分为矩形截面叠合梁和凹口截面叠合梁，如图 1-3-38 所示。凹口截面叠合梁可以更好地完成新旧混凝土的结合及受力。

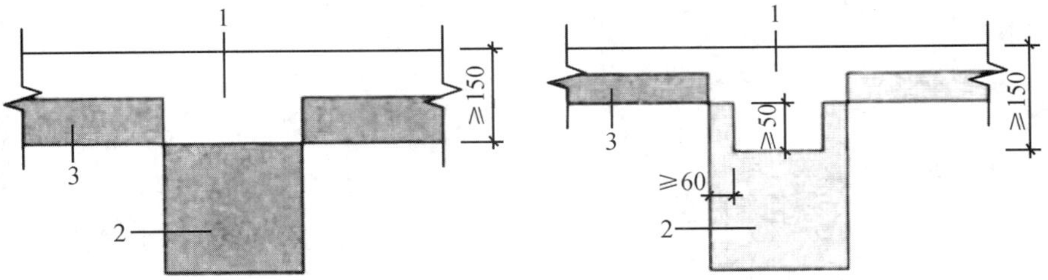

(a) 矩形截面叠合梁　　(b) 凹口截面叠合梁

图 1-3-38　叠合梁分类

1-后浇混凝土叠合梁；2-预制梁；3-预制板

叠合梁的箍筋形式分为整体封闭箍筋(图 1-3-39)和组合封闭箍筋(图 1-3-40)两种。《装配式混凝土结构技术规程》中第 7.3.3 条规定，抗震等级为一、二级的叠合框架梁的梁端箍筋加密区宜采用整体封闭箍筋。

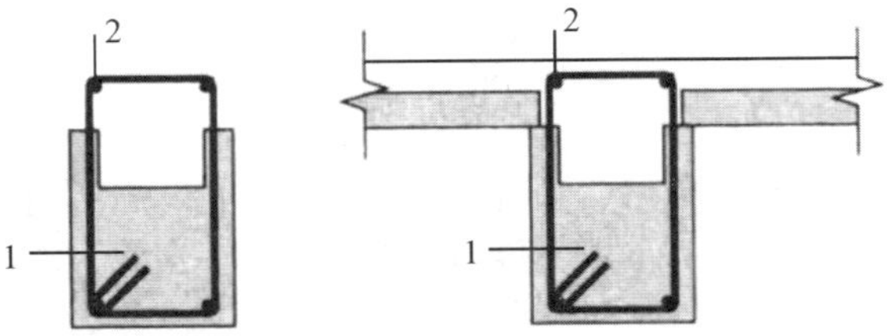

(a) 预制部分　　(b) 叠合梁

图 1-3-39　采用整体封闭箍筋的叠合梁

1-预制梁；2-上部纵向钢筋

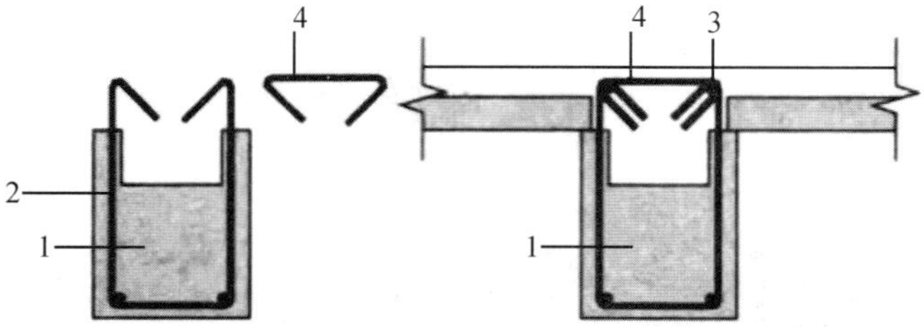

（a）预制部分 （b）叠合梁

图 1-3-40 采用组合封闭箍筋的叠合梁

1-预制梁；2-开口箍筋；3-上部纵向钢筋；4-箍筋帽

4. 预制柱

预制柱一般分为实体预制柱（图 1-3-41）和空心预制柱两种。实体预制柱一般在层高位置预留下钢筋接头，完成定位固定之后，在梁、板交汇的节点位置使钢筋连通，并依靠后浇混凝土整体固定成型。

预制柱

上下层预制柱竖向钢筋连接通常采用灌浆套筒进行连接，在预制柱下部预埋钢筋灌浆套筒，通过灌浆料的注入，完成上下柱之间的力学传递。安装固定的实体预制柱如图 1-3-42 所示。

图 1-3-41 实体预制柱

图 1-3-42 安装固定的实体预制柱

灌浆套筒方式在日本、欧美等国家和地区已经有长期、大量的实践经验，国内也有充分的试验研究、一定的应用经验及相关的产品标准和技术规程。

灌浆套筒技术是将连接钢筋插入到凹凸槽的高强套筒内，然后注入高强灌浆料，硬化后将钢筋和套筒牢固结合在一起形成整体，通过套筒内侧的凹凸槽和变形钢筋的凹凸纹之间的灌浆料来传力。预制柱灌浆套筒连接示意图如图 1-3-43 所示。

5. 预制外挂墙板

预制外挂墙板是指安装在主体结构上起围护、装饰作用的非承重预制混凝土外墙板。预制外挂墙板如图 1-3-44 所示。预制外挂墙板集围护、装饰、防水、保温于一体，采用工厂化生产、装配化施工，具有安装速度快、质量可控、耐久性好、便于保养和维修等特点，符合国家大力发展装配式建筑的方针政策。

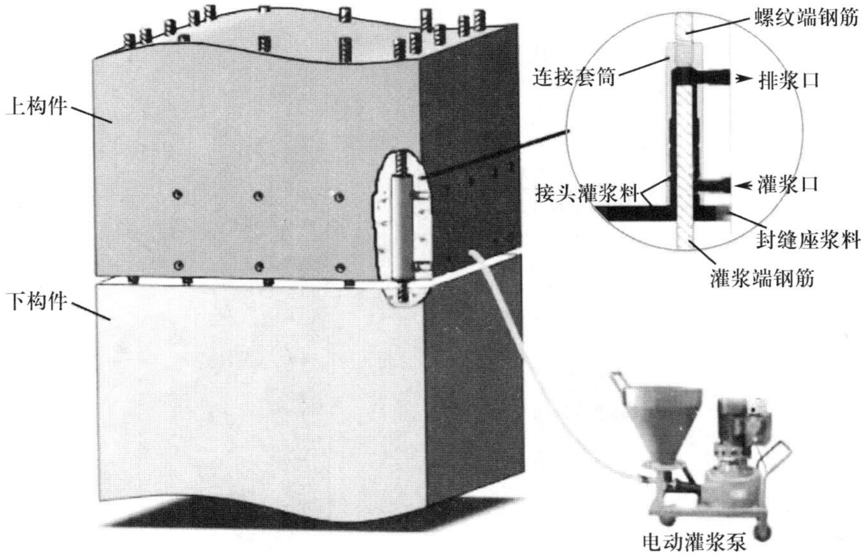

图 1-3-43　预制柱灌浆套筒连接示意图

灌浆套筒构造

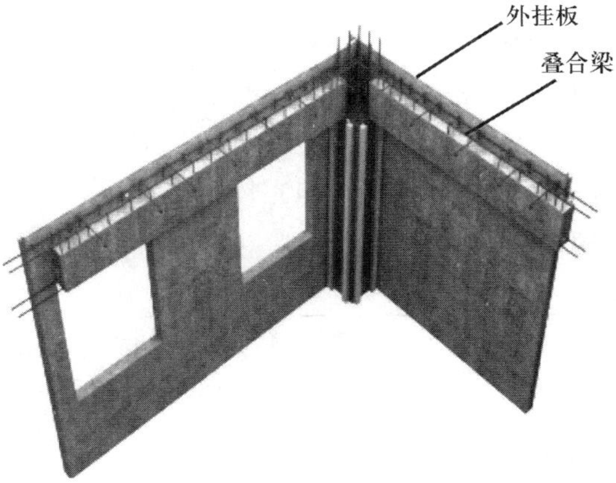

图 1-3-44　预制外挂墙板

预制外挂墙板作为一种良好的外围护结构，在国外得到了较为广泛的应用，其在相关标准、设计、加工、施工、运营维护、配套产品等方面均比较成熟。国内也发布了《预制混凝土外挂墙板应用技术标准》(JGJ/T 458—2018)的标准，对预制外挂墙板的设计、加工、施工和验收给出了相关的规定。

基于预制外挂墙板系统自身的复杂性，合理的外挂墙板支撑系统选型、墙板构件设计和墙板接缝及连接节点设计为预制外挂墙板合理应用的前提。

预制外挂墙板与主体结构的连接采用柔性连接构造，主要有点支承和线支承两种安装方式，按照装配式建筑的装配工艺分类应该属于“干式做法”。

目前，按点支承方式外挂墙板，可以分为平移式外挂墙板和旋转式外挂墙板，它们与主体结构的连接节点又可分为承重节点和非承重节点两类。外挂墙板与主体结构的连接节点应采用预埋件，不得采用后锚固的方法。预制外挂墙板连接示意图如图 1-3-45 所示。

预制外挂墙板的适用范围主要为民用建筑，包括住宅楼建筑和公共建筑。在公共建筑中使用的预制外挂墙板不仅具有耐久性好、造价低、质量可控等优点，还具有独特的建筑外立面装饰效果，是国内外广泛采用的外围护结构形式。

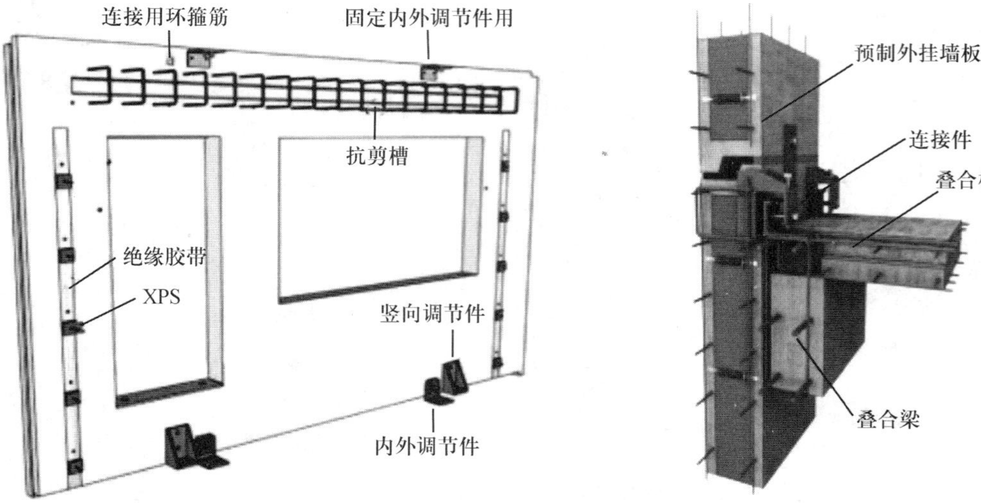

图 1-3-45　预制外挂墙板连接示意图

随着近年来装配式建筑的快速发展，预制外挂墙板逐步开始应用于住宅楼建筑中，其能有效控制外墙的开裂、漏水等质量问题，且能减少外墙施工的现场湿作业，起到节能环保及减少劳动力需求等作用。考虑到住宅类建筑的使用功能要求相对特殊，在住宅类建筑中应用预制外挂墙板时，应特别注意并细化完善外挂墙板与主体结构之间的连接节点及接缝构造，以满足上下楼层间的隔声、防水、防火等要求。

6. 其他类预制构件

（1）预制楼梯。预制楼梯是指在工厂制作的两个平台之间若干连接踏步或若干连续踏步和平板组合的混凝土构件。预制楼梯按结构形式可分为预制板式楼梯（图 1-3-46）和预制梁式楼梯。

预制楼梯构造

图 1-3-46　预制板式楼梯

建筑工业行业标准《预制混凝土楼梯》（JG/T 562—2018）中规定了预制混凝土楼梯的分类、代号和标记、一般要求、要求、试验方法、检验规则、标志、堆放和运输、产品合格证。

预制楼梯与支承构件之间宜采用简支连接。采用简支连接时，宜一端设置固定铰，另一端设置滑动铰。设置滑动铰的端部应采取防止滑落的构造措施。如图 1-3-47 所示，预制楼梯高端支承为固定铰做法。如图 1-3-48 所示，预制楼梯低端支承为滑动铰做法。

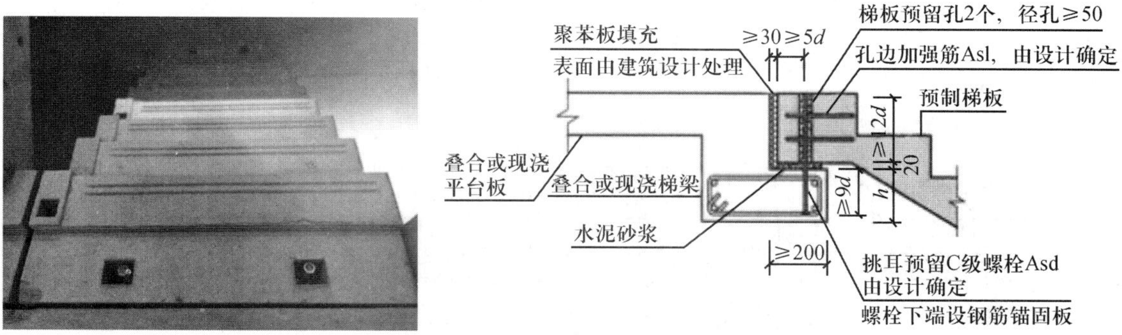

图 1-3-47　预制楼梯高端支承为固定铰做法

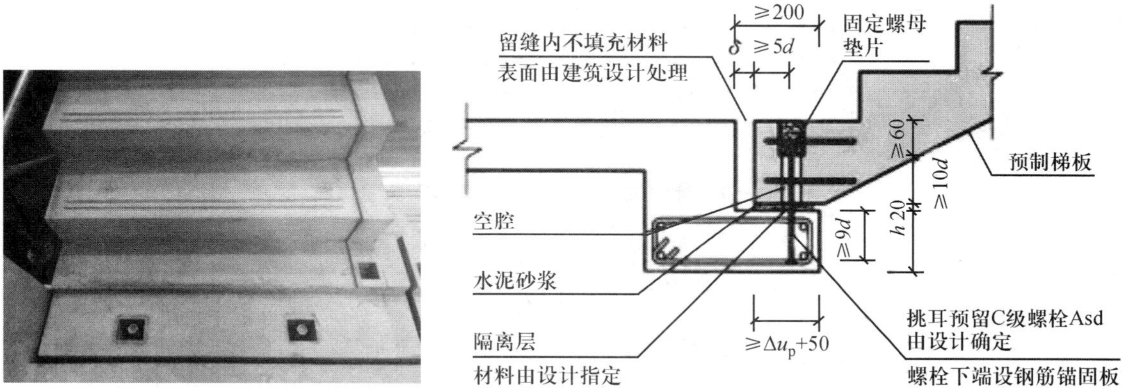

图 1-3-48　预制楼梯低端支承为滑动铰做法

预制楼梯工厂提前预制生产，现场安装，质量、效率大大提高，节约了工时和人力资源。安装后一次完成，无须再做饰面，清水混凝土面直接交房，外观好，结构施工阶段支撑少，易通行，生产工厂和安装现场无垃圾产生。

(2)预制阳台板。预制阳台板是指凸出建筑物外立面悬挑的构件。按照构件形式分为叠合板式阳台、全预制板式阳台、全预制梁式阳台(图 1-3-49)。预制阳台板通过预留埋件焊接及钢筋锚入主体结构后浇筑层进行有效连接。

图 1-3-49　全预制梁式阳台

预制阳台

叠合板式阳台类似于叠合板，由预制部分和叠合部分组成，主要通过预制部分的预制钢筋与叠合层的钢筋搭接或焊接与主体结构连成整体，如图 1-3-50、图 1-3-51 所示。

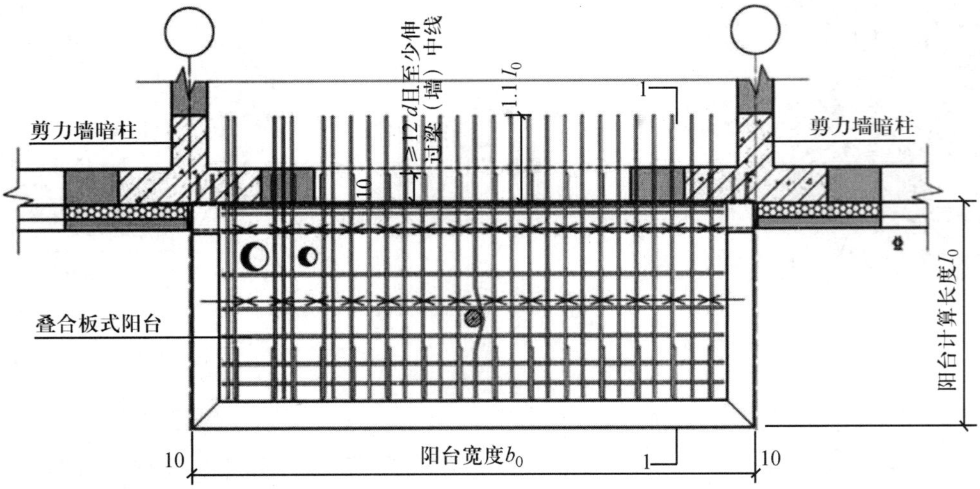

图 1-3-50　叠合板式阳台与主体结构安装平面图

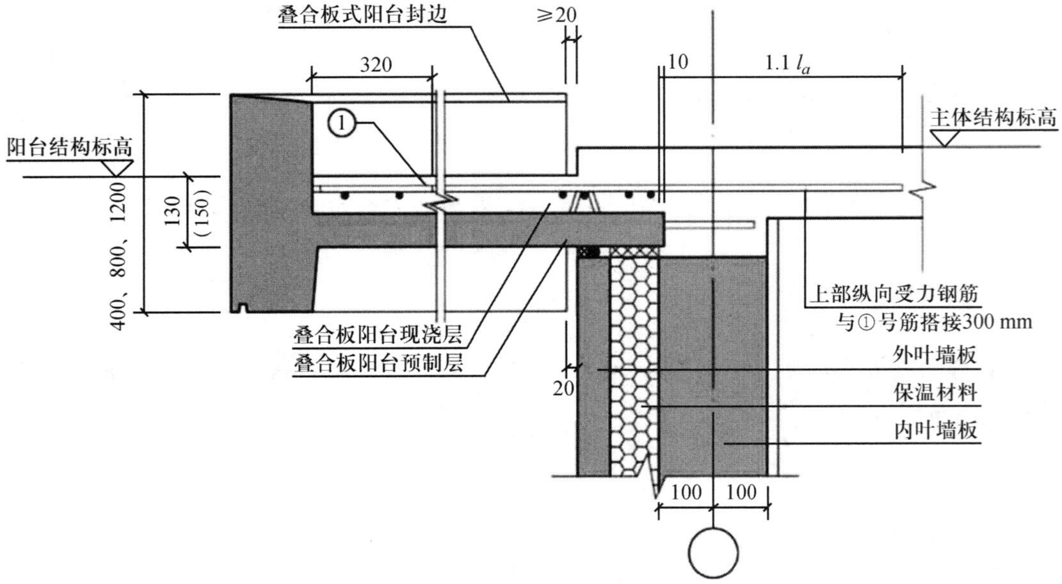

图 1-3-51　叠合板式阳台与主体结构连接 1-1 节点详图

(3)预制空调板。预制空调板是指建筑物外立面悬挑出来放置空调室外机的平台。预制空调板通过预留负弯矩筋伸入主体结构后浇层，浇筑成整体如图 1-3-52、图 1-3-53 所示。

(4)预制内墙板。预制内墙板按成型方式分为挤压成型墙板和立模浇筑成型墙板两种。挤压成型墙板，也称预制条形墙板，是采用轻质材料料浆，使用挤压成型机通过模板成型的墙板。

预制内墙按照材料不同，可分为轻钢龙骨石膏板内墙、轻质混凝土空心墙板、蒸压加气混凝土板隔墙、木质骨石膏板隔墙等。

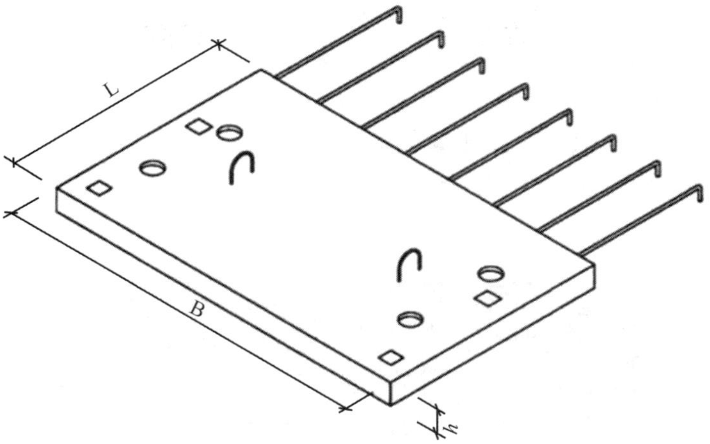

图 1-3-52 预制空调板示意图

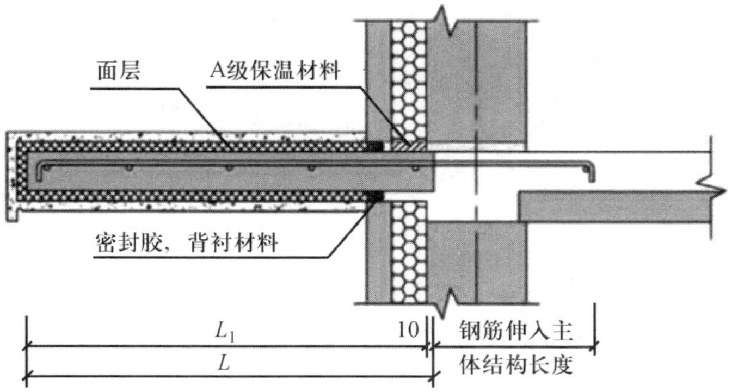

图 1-3-53 预制空调板与主体连接节点示意图

轻质混凝土空心墙板(图 1-3-54)在国内应用比较普通，具有安装方便、敷设管线方便、价格低的特点。

图 1-3-54 轻质混凝土空心墙板

(二)安全生产管理

(1)预制构件生产企业应建立健全安全生产责任制，制订企业安全生产规章制度和操作规程，配备安全管理人员，完善安全生产条件，确保安全生产。

(2)预制构件生产企业应定期召开安全管理例会，及时掌握安全生产信息，传达安全生产指令，解决存在的问题，以确保安全工作的顺利进行。

(3)预制构件生产企业应定期组织安全生产检查工作，如图 1-3-55 所示，加强各作业现场安全监督，及时消除在生产安全管理过程中可能存在的安全隐患，防止事故发生，改善员工劳动条件，确保生产安全。

图 1-3-55　安全生产检查

(4)预制构件生产企业应建立安全教育培训制度，对从业人员进行安全生产教育和培训，保证从业人员具备必要的安全生产知识，熟悉有关的安全生产规章制度和安全操作规程，掌握本岗位的安全操作技能。未经安全生产教育和培训合格的从业人员，不得上岗作业。

(5)预制构件生产企业应建立消防安全管理制度，成立消防领导小组，按规定配备必要的消防设施和灭火器材，动火作业应有审批手续，并做好监护。

(6)预制构件生产企业应对工厂可能发生的危害、灾害和突发事件制订应急预案，应急预案应进行交底和培训，必要时进行演练。

(7)特种作业人员必须按照国家有关规定经专门的安全作业培训，取得特种作业操作资格证书，方可上岗作业。预制构件生产主要涉及特种作业岗位包括电工作业、焊接与热切割作业、叉车作业、压力管道巡查维护作业等。

(8)预制构件生产企业应推进危险源辨识、评价及监督管理制度的实施，根据风险等级制订预防措施，提高对事故的防范能力和对重大危险源的控制力，有效防范伤亡事故的发生，消除事故隐患。

(9)建立安全生产奖罚制度。

(三)注意事项

(1)进入预制构件生产现场人员必须佩戴安全帽，作业人员必须正确穿戴安全帽、工作鞋和工作服等劳动防护用品。

(2)行车及各类电器、机械设备必须严格执行操作规程，操作人员必须经过培训，非操作人员不得擅自使用。行车及各类电器、机械设备须定期检查和维护保养。

(3)厂区及车间应按生产需求布置合理、有序、整洁，警示标牌齐全规范，材料、成品、半成品应分类堆放、码放整齐、牢固并挂标识牌，如图 1-3-56 所示，厂区道路平整、通畅、牢固，满足运输要求。

(4)氧气瓶、乙炔瓶应按规定放置，易燃易爆品、化学品必须按规定进行使用和储存，定期进行安全检查。

(5)砂、石应堆放在有顶盖的料仓内，在明显处放置标识牌，料仓的墙体有足够的强度，满足砂、石的堆放侧压力。钢筋应分类堆放牢固，标识标牌齐全规范，堆放不宜过高，圆盘钢筋不应叠放。

图 1-3-56　半成品分类码放整齐

(6)严格遵守安全用电规定，严禁私拉乱接生产用电，必须做到三级配电加两级保护。

(7)预制构件起吊时，下方严禁站人，必须待吊物降落至离地面 1 m 以内方准靠近，就位固定后方可脱钩。

(8)养护窑需要防护密闭，并留有检修小门，平时必须锁上，严禁任何人进入；在检修时，必须断电并有 2 人在场，在外部悬挂检修牌，1 人站在外面操作台前，防止人员送电和操作，使用蒸汽时应防止烫伤人员。

(9)锅炉、气瓶等压力容器应按特种设备安全管理规定及操作规程使用、检查、维护保养等，安全阀、仪表等安全装置应齐全有效，并经检测验收合格后方可使用。

(10)定期组织安全生产宣传活动，如安全生产月活动，消防演练活动，扫二维码举报有奖活动，抓三违、反三违活动，安全知识有奖竞答活动，消防知识讲座活动，安全法宣传周，安全宣传咨询日活动等。

【问题与讨论】

1. 试述预制混凝土构件的生产工艺流程。
2. 试述钢筋入模的注意事项。
3. 预制构件生产的过程控制参数有哪些？

任务二　预制构件的存储

一、知识目标

1. 预制构件堆放方案的组成；
2. 预制构件的堆放形式；
3. 构件堆场常用的机械设备；
4. 构件堆放区域的设置要求。

二、能力目标

学生具有能够根据预制构件的形式和体量选择合适的堆放形式、设计堆放场地及编制构件堆放方案的能力。

三、素质目标

1. 通过任务引领的项目化教学，培养学生综合分析问题的能力及严谨细致的工作态度；
2. 通过拓展知识训练，培养学生自主学习意识和自学能力；
3. 开展小组教学，培养学生的团结、合作精神。

【案例描述】

湖南省益阳市某预制构件厂项目拟定建设区域属于工业项目建设占地规划区，建设区总用地面积 7 066.7 m^2(折合约 10.6 亩)，代征公共用地面积 289.73 m^2，净用地面积 6 776.97 m^2(红线范围折合约 10.17 亩)，土地综合利用率 100%；项目建设遵循“合理和集约用地”的原则，按照装配式混凝土预制构件行业生产规范和要求进行科学设计、合理布局，符合装配式混凝土预制构件制造和经营的规划建设要求。

一期工程项目净用地面积 6 776.97 m^2，建筑物基底占地面积 4 832.65 m^2，总建筑面积 6 919.96 m^2，其中，规划建设主体工程 5 264.35 m^2，仓储设施面积 901.33 m^2(其中，原辅材料仓储设施 528.6 m^2，成品贮存设施 372.73 m^2)，办公用房 406.62 m^2，职工宿舍 155.87 m^2，其他建筑面积 191.79 m^2(含部分公用工程和辅助工程)，成品存储设施的面积占总建筑面积的 5.39%。

【案例背景】

预制混凝土构件如果在存储环节发生损坏、变形将会很难补修，既耽误工期又造成经济损失。因此，大型预制混凝土构件的存储方式非常重要。

构件储存要分门别类，按“先进先出”原则堆放，并有相应台账、卡账以供查询。构件储存要尽量做到“上小下大，上轻下重，不超安全高度”，不得直接置于地上，必要时加垫板、工字钢、木方予以保护存放。不良品与良品分区储存、管理，并做好相应标识。储存场地须保持通风、通气，以保证物料品质不发生变异。

【案例实施】

一、任务下达

预制构件的存储方案主要包括存储方式、存储架、堆放存储场地和相应辅助物料需求。

存储方式：预制构件堆放存储通常可采用平面堆放或竖向固定两种方式。楼板、楼梯、梁和柱通常采用平面堆放方式；墙板构件一般采用竖向固定方式。

存储架：存储架可分为固定式存储架和模块式存储架。模块式存储架可以设计成专用存储架或集装箱式存储架，根据预制构件的质量和外形尺寸进行存储架的设计制作，需尽量考虑运输架的通用性。

存储场地：根据项目包含构件的大小、方量、存储方式、调板、装车便捷及场地扩容等情况，计算出存储场地面积需求和划定构件存储场地，构件的存储场地区域规划见表 1-3-1。

表 1-3-1　存储场地区域规划

序号	规划区域	区域说明
1	装车区域	构件备货，物流装车区域
2	不合格区域	不合格构件暂存区域
3	库存区域	合格产成品入库库存重点区域，区内根据项目或产成品种类进行规划
4	工装、夹具放置区	构件转运、装车需要的相关工装、夹具、放置区

相应辅助物料需求：根据构件的大小、方量、存储方式计算出相应辅助物料需求（存放架、木方、槽钢等）数量。

预制构件存放现场常用工装、治具见表 1-3-2。

表 1-3-2　常用工装、治具

序号	工装/治具	工作内容	序号	工装/治具	工作内容
1	龙门起重机	构件起吊、装卸、调板	6	存储架	墙板专用存储
2	外雇汽车起重机	构件起吊、装卸、调板	7	转运车	构件从车间向堆场转运
3	叉车	构件装卸	8	专用运输架	墙板转运专用
4	吊具	叠合楼板构件起吊、装卸、调板	9	方木（100 mm×100 mm×250 mm）	构件存储支撑
5	钢丝绳	构件（除叠合板）起吊、装卸、调板	10	工字钢（110 mm×110 mm×3 000 mm）	叠合板存储支撑

二、任务实施

1. 预制构件存放总体要求

（1）堆放构件的场地平整坚实并保持排水良好，堆放时板底与地面之间应有一定的空隙；

（2）构件存放场地硬化，卸放、吊装工作范围内不得有障碍物，并应有满足每个楼一个标准单元的存放面积；

（3）堆放构件时保证最下层构件垫实，预埋吊件向上，标志向外；

（4）预制构件运至现场后，根据总平面布置按吊装顺序、规格、品种、所用部位分别设堆场，堆垛之间应设置通道。

2. 预制构件水平存放方法

预制构件水平存放方法适用于预制柱、预制叠合梁、预制叠合板底板、预制屋面板、预制楼梯等构件。预制构件应放在指定的存放区域，存放区域地面应保证水平。预制构件应分型号分层码放。一般底层应放置在 H 型钢上，型钢距构件边 500～800 mm，层间用木方隔开，水平存放垫块放置应位于同一垂直线上。预制叠合梁、叠合板、柱堆放高度不宜超过 2 m，其中，叠合板堆放层数不宜超过 8 层，大多控制在 6 层内（图 1-3-57）；预制柱堆放层数不宜超过 3 层（图 1-3-58）；预制叠合梁堆放层数不宜超过 2 层（图 1-3-59）。预制楼梯存放如图 1-3-60 所示。

图 1-3-57　预制叠合楼板的存放

图 1-3-58　预制柱的存放

图 1-3-59　预制叠合梁的存放

图 1-3-60 预制楼梯的存放

3. 预制构件竖向存放方法

竖向存放方法常用于预制剪力墙、预制飘窗等竖向构件的存放。对侧向刚度差、重心较高、支撑面较窄的构件，如预制内外墙板宜采用插放架进行存放。采用靠放架存放时，必须对称靠放和吊运，倾斜角度应大于 80°，并且靠放架的高度应为构件高度的 2/3 以上。竖向存放也应设置垫块，垫块放置应位于同一垂直线上。

预制墙体存放时采用钢管搭设的存储架，每个楼设一个墙体构件存储架，采用 ϕ48 mm×3.0 mm 钢管搭设，周边设置防护栏杆。预制外墙板插放时，在厚 200 mm 内承重墙下垫一根 50 mm×100 mm 的木方，以防对保温板及外侧的饰面板造成损坏。预制墙体插放时应保持墙板竖直，预制墙板与钢管之间采用木楔塞紧，严禁直接靠放于钢管架体上。

如图 1-3-61 所示，预制墙板底部均应垫设方木，严禁直接坐落于混凝土地面。墙板宽度小于 4 m 时墙板下部垫 2 块 100 mm×100 mm×250 mm 木方，两端距墙边 30 mm 处各一块木方。墙板宽度大于 4 m 或带门口洞时墙板下部垫 3 块 100 mm×100 mm×250 mm 木方，两端距墙边 300 mm 处各一块，墙板重心位置一块。

图 1-3-61 墙板专用存储架存放

三、实施成果

(1)存放场地应平整、坚实，并应有排水措施。

(2)存放库区宜实行分区管理和信息化台账管理。

(3)应按照产品品种、规格型号、检验状态分类存放，产品标识应明确、耐久，预埋吊件应朝上，标识应向外。

(4)应合理设置垫块支点位置，确保预制构件存放稳定，支点宜与起吊点位置一致。

(5)与清水混凝土面接触的垫块应采取防污染措施。

(6)预制构件多层叠放时，每层构件间的垫块应上下对齐；预制楼板、叠合板、阳台板和空调板等构件宜平放，叠放层数不宜超过6层；长期存放时，应采取措施控制预应力构件起拱值和叠合板翘曲变形。

(7)预制柱、梁等细长构件宜平放且用两条垫木支撑。

(8)预制内外墙板、挂板宜采用专用支架直立存放，支架应有足够的强度和刚度，薄弱构件、构件薄弱部位和门窗洞口应采取防止变形开裂的临时加固措施。

【相关知识】

❖ 预制构件成品保护 ❖

(1)企业应建立严格有效的成品保护制度，制订专项保护措施方案，明确保护内容和职责，全过程防尘、防油、防污染、防破损。对于有外露易锈蚀部分的预埋件或连接件要有防腐措施。

(2)外墙门框、窗框和带外装饰材料的表面应采用塑料贴膜或者其他防护措施；预制墙板门窗洞口线角宜用槽型木框保护。

(3)预制楼梯踏步面与踏步阳角宜铺设木板条或其他不易变形、破损的覆盖物。

(4)预制构件养护水及覆盖物应洁净，不得污染预制构件表面；在运输过程中必须采用适当的防护措施，防止损坏或污染其表面。

【问题与讨论】

1. 试述预制夹心外墙的存储方式。
2. 试述楼梯的存储方式。
3. 构件存储方案包括哪几部分？

任务三　预制构件的运输

一、知识目标

1. 学会预制构件运输的准备工作；
2. 学会预制构件的运输方式；
3. 学会预制构件起吊的注意事项；
4. 学会预制构件运输的注意事项。

二、能力目标

学生具有能够进行预制构件运输的准备工作，能够编制预制构件起吊与运输方案的能力。

三、素质目标

1. 通过任务引领的项目化教学，培养学生综合分析问题的能力及严谨细致的工作态度；
2. 通过拓展知识训练，培养学生自主学习意识和自学能力；
3. 开展小组教学，培养学生的团结、合作精神。

【案例描述】

本工程构件运输起点是北京远通水泥制品有限公司构件厂，运输终点为北京市朝阳区朝阳北路与管庄路交叉口东南角常营三期剩余地块公共租赁住宅项目二标段工地现场，全程约80 km。该项目同种预制构件尺寸差别大，顶板叠合板、空调叠合板、阳台叠合板、楼梯板、楼梯间隔墙板、楼梯间横梁等有10多种尺寸。顶板叠合板根据各个房间尺寸的不同也有5 150 mm×1 500 mm、5 150 mm× 2 150 mm、4 250 mm× 1 890 mm、5 350 mm×1 600 mm、5 350 mm×2 700 mm等5种尺寸。根据工程特点，主要采用汽车进行构件的运输，所有预制构件在工厂制作验收合格后，于安装前一天运至施工现场进场验收，验收合格后码放整齐。

【案例背景】

预制构件在构建生产厂检验合格后方可运输到施工现场，由于预制构件的体量较大、运输距离较长和运输过程中不确定因素较多，而且我国目前多采用重型半挂牵引车，以一车一挂为主，运输车辆落后于国外的甩挂运输车辆，因此预制构件的运输成为限制建筑工业化发展的瓶颈之一。

【项目实施】

一、任务下达

构件运输的准备工作主要包括：制订运输方案、设计并制作运输架、验算构件强度、清查构件及察看运输路线。

制订运输方案：需要根据运输构件实际情况、装卸车现场、运输道路的情况、运输车辆的供应条件、施工单位的起重机械等因素综合考虑，最终选定运输方法、起重机械、运输车辆和运输路线。

设计并制作运输架：需要根据构件的质量和外形尺寸进行设计制作，尽量考虑运输架的通用性。

验算构件强度：对钢筋混凝土屋架和钢筋混凝土柱子等构件，根据运输方案的条件，验算构件在最不利截面处的抗裂度，避免在运输中出现裂缝。如有出现裂缝的可能，应进行加固处理。

清查构件：清查构件的型号、质量和数量，有无加盖合格印和出厂合格证书等。

察看运输路线：在运输前再次对运输路线进行勘查，对于沿途可能经过的桥梁、涵洞、电缆、车道的承载能力、通行高度、宽度、弯度和坡度，沿途上空有无障碍物等实地考察并记载，有时甚至需要交通部门的配合等，制订出最佳的路线。此外，应注意沿途是否横穿铁道，如有应查清火车通过道口的时间。

二、任务实施

(一)预制构件的装卸

在吊装作业前，应由技术员进行吊装和卸货的技术交底。其中指挥人员、司索人员（起重工）和起重机械操作人员，必须经过专业学习并接受安全技术培训，取得《特种作业人员安全操作证》。所使用的起重机械和起重机具是完好的。

(1)在吊装作业时必须明确指挥人员，统一指挥信号。

(2)装车时先在车厢底板上做好支撑与减震措施，以防构件在运输途中因震动而受损，装车时先在车厢底板上铺两根 100 mm×100 mm 的通长木方，木方上垫 15 mm 以上的硬橡胶垫或其他柔性垫。

(3)预制构件运进场地后，应按规定或编号顺序有序地摆放在规定的位置，场内堆放地必须坚实，以防止下沉和使构件变形。

(4)装卸构件时要妥善保护，必要时要采取软质吊具。

(5)随运构件（节点板、零部件）应设标牌，标明构件的名称、编号。

(二)预制构件的运输

1. 运载机具（载重汽车、平板拖车）

(1)运输车辆应车况良好，其整车尺寸：长度为 12～22 m，宽度为 2.4～3 m，装载后高度不超过 4.5 m。牵引质量在 40 t 以内，异形构件宜采用专用运输车。

(2)混凝土预制构件装车完成后，需再次检查装车后构件质量，在装车过程中造成构件碰损部位，须进行修补，并经出厂验收合格后方可发货。

2. 主要运输方式

(1)立式运输方式：在低盘平板车上按照专用运输架，墙板对称靠放或者插放在运输架上，如图 1-3-62 所示。对于内、外墙板和 PCF 板等竖向构件多采用立式运输方式。

(2)平层叠放运输方式：将预制构件平放在运输车上，一件件往上叠放在一起进行运输，如图 1-3-63 所示。叠合板、阳台板、楼梯、装饰板等水平构件多采用平层叠放运输方式。叠合楼板：不宜超过 6 层/叠，堆码时按产品的尺寸大小堆叠；预应力板：堆码 8～10 层/叠；叠合梁：2～4 层/叠（最上层的高度不能超过挡边一层），并考虑是否有加强筋向梁下端弯曲。

(3)散装方式：对于一些小型构件和异型构件，宜采用散装运输。

3. 运输基本要求

(1)构件在运输时要固定牢靠，以防在运输中途倾倒，或在道路转弯时车速过高被甩出。

(2)运输车辆行车速度应按运输方案进行，根据路面情况掌握行车速度，道路拐弯必须降低车速。

(3)采用公路运输时，若通过桥涵或隧道，则装载高度为：二级以上公路不应超过 5 m；三、四级公路不应超过 4.5 m。

(4)装有构件的车辆在行驶时，应根据构件的类别、行车路况控制车辆的行车速度，保持车

图 1-3-62 立式运输

图 1-3-63 平层叠放运输方式

身平稳，注意行车动向，严禁急刹车，避免事故发生。

(5)对于特大构件产品，在加工制造以前应征得交管部门同意、办理相关运输许可证件，运输前应制订专项方案。

三、实施成果

(1)应根据预制构件的形状、尺寸、质量和作业半径等要求选择吊具和起重设备，所采用的吊具和起重设备及其操作，应符合国家现行有关标准及产品应用技术手册的规定。

(2)吊点数量、位置应经计算确定，应保证吊具连接可靠，应采取保证起重设备的主钩位置、吊具及构件重心在竖直方向上重合的措施。

(3)吊索水平夹角不宜大于 60°，不应小于 45°。

(4)应采用慢起、稳升、缓放的操作方式，在吊运过程中，应保持稳定，不得偏斜、摇摆和扭转，严禁吊装构件长时间悬停在空中。

(5)吊装大型构件、薄壁构件或形状复杂的构件时，应使用分配梁或分配桁架类吊具，并应采取避免构件变形和损伤的临时加固措施。

(6)预制构件的运输车辆应满足构件尺寸和载重要求。

(7)装卸构件时,应采取保证车体平衡的措施。

(8)运输构件时,应采取防止构件移动、倾倒、变形等的固定措施。

(9)运输构件时,应采取防止构件损坏的措施,对构件边角部或链索接触处的混凝土,宜设置保护衬垫。

(10)当墙板采用靠放架堆放或运输构件时,靠放架应具有足够的承载力和刚度;墙板宜对称靠放且外饰面朝外,构件上部宜采用木垫块隔离。

(11)当墙板采用插放架直立堆放或运输构件时,宜采取直立运输方式;插放架应有足够的承载力和刚度,并应支垫稳固。

(12)墙板采用平层叠放的方式堆放或运输时,应采取防止构件产生裂缝的措施。

【相关知识】

运输过程中的成品保护措施

预制构件在运输过程中应根据预制构件种类采取可靠的固定措施。对于超高、超宽、形状特殊的大型预制构件的运输和存放应制订专门的质量安全保证措施。运输时宜采取如下防护措施:

(1)设置柔性垫片避免预制构件边角部位或链索接触处的混凝土损伤;

(2)用塑料薄膜包裹垫块避免预制构件外观污染;

(3)墙板门窗框、装饰表面和棱角采用塑料贴膜或其他措施防护;

(4)竖向薄壁构件设置临时防护支架;

(5)装箱运输时,箱内四周采用木材或柔性垫片填实,支撑牢固;

(6)根据构件特点采用不同的运输方式,托架、靠放架、插放架应进行专门设计,进行强度、稳定性和刚度验算;

(7)外墙板宜采用立式运输,外饰面层应朝外,梁、板、楼梯、阳台宜采用水平运输;

(8)采用靠放架立式运输时,构件与地面倾斜角度宜大于 80°,构件应对称靠放,每侧不大于 2 层,构件层间上部采用木垫块隔离;

(9)采用插放架直立运输时,应采取防止构件倾倒措施,构件之间应设置隔离垫块;

(10)水平运输时,预制梁、柱构件叠放不宜超过 3 层,板类构件叠放不宜超过 6 层。

【问题与讨论】

1. 试述预制夹心外墙可以采取的运输方式。

2. 试述楼梯可以采取的运输方式。

3. 试述预制构件起吊时的注意事项。

项目二 装配式混凝土建筑预制构件施工

子项目一 装配式混凝土结构施工组织与准备

任务一 装配式混凝土施工技术准备

一、知识目标

1. 学会装配式混凝土施工流程；
2. 学会装配式混凝土施工技术准备；
3. 学会装配式混凝土施工资源配置；
4. 学会装配式混凝土进度控制。

二、能力目标

学生具有能借助配套软件进行施工组织设计编写能力，具有预制构件施工平面场地的绘制能力；具有劳动力组织管理、材料与预制构件组织管理能力；具有协同和进度控制能力。

三、素质目标

1. 通过任务引领的项目化教学，培养学生综合分析问题的能力及严谨细致的工作态度；
2. 通过拓展知识训练，培养学生自主学习意识和自学能力；
3. 开展小组教学，培养学生的团结、合作精神。

【案例描述】

黑龙江省哈尔滨市璞悦湾小区 6 号楼，地上 17 层，地下 1 层，标准层采用装配式建筑结构，结构类型采用剪力墙结构，标准层及以上至顶层外墙、阳台板、空调板、楼梯采用装配式混凝土结构，外墙竖向板采用高强灌浆施工技术。

工艺流程：施工准备→预留插筋校正→竖向构件吊装→竖向构件校正及临时支撑安装→

浆锚节点灌浆→水平构件节点钢筋绑扎→叠合板钢筋绑扎→竖向构件节点钢筋绑扎→节点模板安装→节点及叠合板混凝土浇筑。

【案例背景】

技术准备是施工准备的核心。任何技术的差错或隐患都可能引起人身安全和质量事故，造成生命、财产和经济的巨大损失，因此必须认真地做好技术准备工作。

1. 熟悉、审查施工图纸和有关的设计资料

在施工图完成后，由项目工程师召集各相关岗位人员汇总、讨论图纸问题。设计交底时，施工方向设计方进一步了解设计意图，与设计方互动，切实解决和有效落实现场碰到的图纸施工问题，切实加强与建设单位、设计单位、预制构件加工制作单位、监理单位及相关单位的联系，及时加强沟通与信息联系。

2. 场外技术准备

场外做好随时与预制构件相关厂家沟通，准确了解各个预制构件厂的地址，准确预测预制构件厂与本项目的实地距离，以便于更准确地联系预制构件厂确定发送预制构件的时间；实地确定各个厂生产预制构件的类型、预制构件厂的生产力，根据不同的生产厂家实际情况，做出合理的整体施工计划、预制构件进场计划等；考察各个厂之后，再请预制构件厂相关人员到施工现场实地了解情况，了解预制构件运输线路，了解现场道路宽度、厚度和转角等情况；实行首件验收制度，具体施工前和监理部门派遣质量人员去预制构件厂进行质量验收，将不合格预制构件排除、有问题预制构件进行工厂整改、有缺陷的预制构件根据质量要求进行修补或报废。

3. 编制施工组织设计

施工组织设计包括以下内容：

(1)建立项目管理机构，明确机构人员和职责；

(2)编制施工组织设计；

(3)编制专项施工方案，即构件首件验收、构件运输、构件进场和堆放、构件安装、套筒灌浆、预埋件连接、防护外架搭设与拆除、模板安拆、钢筋安装、塔吊附着、塔吊防碰撞、支承结构加固、后浇混凝土、预制构件接缝及预留洞防水处理、预制构件与后浇混凝土及砌体接缝处理、门窗安装、样板间制作与验收、关键岗位人员培训等。

(4)编制技术质量交底和安全交底文件。

技术准备是施工准备的核心。由于任何技术差错或隐患都可能引起人身安全和质量事故，造成生命、财产和经济的巨大损失。因此必须认真地做好以下技术准备工作：

(1)施工方案、技术质量、安全交底；

(2)构件上弹出竖向与水平安装线。

【项目实施】

一、任务下达

(1)在基础、地下结构和地上现浇层施工阶段，土方工程、现浇混凝土工程施工工作量大，现场需要较多的施工材料堆放场地和临时设施场地。

此阶段平面布置的重点是既要满足现场施工需要的材料堆放，又要为预制构件吊装作业预留场地。在预留的预制构件吊装作业场地内不宜设置临时水电管线及钢筋加工场等不能转移场地的临时设施。

(2)在预制装配层施工阶段，吊装构件堆放场地要以满足大于1天施工要求为宜，同时为以后的装修作业和设备安装预留场地，因此需合理布置塔吊和施工电梯位置，满足预制构件的吊装和其他材料运输要求。

(3)在装修施工和设备安装阶段，有大量的分包单位将进场施工，按照总平面图布置此阶段的设备和材料堆场，按照施工进度计划，材料和设备如期进场是关键。

(4)根据场地情况及施工流水情况进行塔式起重机布置，考虑群塔作业，限制塔式起重机的相互关系与臂长，并尽可能使塔式起重机所承担的吊装作业区域大致相当。

(5)根据预制构件质量及其位置进行塔式起重机选型，塔式起重机需要满足最重构件起吊的要求，根据其余各构件质量、模板质量、混凝土吊斗质量及其与塔式起重机的相对关系。

对已经选定的塔式起重机进行校验，塔式起重机选型完成后，根据预制构件质量与其安装部位相对关系进行道路布置与堆场布置。

由于预制构件运输的特殊性，需对运输道路坡度及转弯半径进行控制，并依照塔式起重机覆盖情况，综合考虑构件堆场布置；预制构件堆场布置，需对构件排列进行考虑，其原则是预制构件存放受力状态与安装受力状态一致。

二、任务实施

(一)施工平面布置

(1)在地下室外墙土方回填完后，需尽快完善临时道路和临时水电线路，硬化预制构件堆场。将来需要破碎拆除的临时道路和堆场，可采取能多次周转使用的装配式混凝土路面、场地技术，将会节约成本、减少建筑垃圾外运。

(2)施工现场道路(图2-1-1)宽度需满足构件运输车辆的双向开行及卸货吊车的支设空间，道路平整度和路面强度需满足吊车吊运大型构件时的承载力要求。

图2-1-1　施工现场道路

(3)对于长 21 m 的货车,路宽宜为 6 m,转弯半径宜为 20 m,可采用 200 mm 厚 C30 混凝土硬化道路,地基和承荷结构需要满足要求,如图 2-1-2 所示。

图 2-1-2　车辆回转半径

(4)预制构件存放场地的布置宜避开地下车库区域,以免对车库顶板施加过大临时荷载。

(5)预制墙板、预制叠合板等重型构件宜靠近塔吊中心存放,预制阳台板、预制飘窗板等较轻构件可在起吊范围内的外围存放。预制构件存放如图 2-1-3 所示。

(6)各类构件宜靠近且平行于临时道路排列,便于构件运输车辆卸货到位和施工中按顺序补货,避免二次倒运。

(7)不同构件堆放区域之间宜设宽度为 0.8～1.2 m 的通道。将预制构件存放位置按构件吊装位置进行划分,如图 2-1-4 所示,用黄色油漆涂刷分隔线,并在各区域标注构件类型,存放构件时一一对应,可提高吊装的准确性,便于堆放和吊装。

(8)构件存放宜按照吊装顺序及流水段配套堆放。

图 2-1-3　预制构件存放

图 2-1-4　预制构件分区存放

(二)编制施工组织设计

《装配式混凝土建筑技术标准》(GB/T 51231—2016)要求,“结合设计、生产、装配一体化的原则整体策划,协同建筑、结构、机电、装饰装修等专业要求,制订施工组织设计。”“施工组织设计应体现管理组织方式吻合装配工法的特点。”对于装配式混凝土建筑,应制订涉及质量安全控制措施、工艺技术控制难点和要点、全过程的成品保护措施等内容的专项方案,并通过审核。

施工组织设计的主要要求如下:

(1)按照大型预制构件或其他整体部品的运输安装要求,进行并完成工地现场道路和场地设计;

(2)根据最大预制构件质量、位置和施工现场情况确定起重设备型号及安装位置;

(3)设计车辆停靠位置、卸车、堆放方法;

(4)设计吊装方法、校正方法、加固方式、封模方式、灌浆操作、养护措施、试块试件制作,检验检测要求等;

(5)在不能从运输车上直接吊装的情况下,设计预制构件场内堆放位置,编制堆放方案。

三、实施成果

施工场地布置是装配式混凝土建筑施工方案及施工进度计划在空间上的全面安排,即把投入的各种资源、材料、构件、机械、道路、水电供应网络、生产、生活活动场地及各种临时工程设施合理地布置在施工现场,使整个现场能有组织地进行文明施工。对于装配式结构,施工平面布置应解决的主要问题是起重设备选择与布置、场内道路规划、构件堆放场地规划。其中设备的布置是施工现场全局的中心环节,应首先确定。施工现场平面布置及道路规划如图 2-1-5 所示。

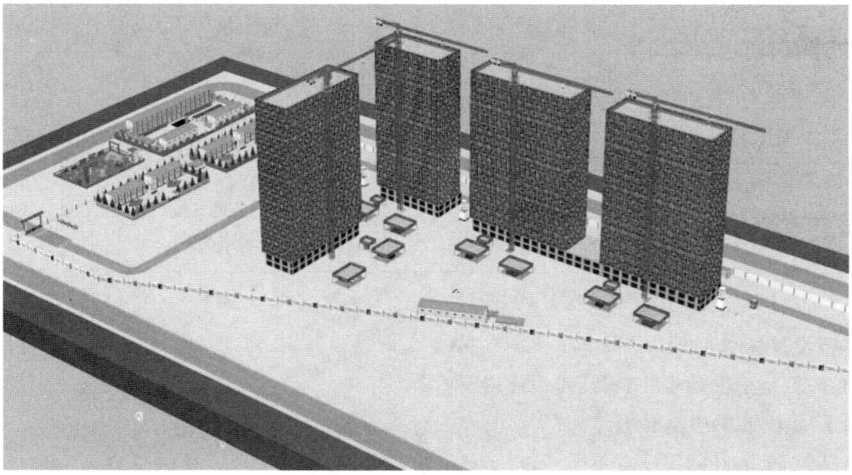

图 2-1-5 施工现场平面布置及道路规划

【相关知识】

(一)图纸会审

图纸会审是由设计、施工、监理单位及有关部门参加的图纸审查。图纸会审的目的有两个:

(1)使施工单位和各参建单位熟悉设计图纸,了解工程特点和设计意图,找出需要解决的技术难题，并制订解决方案；

(2)解决图纸中存在的问题，减少图纸的差错，使设计达到经济合理、符合实际，以利于施工顺序进行。

对于装配式混凝土结构图纸会审，应遵从以下内容：

(1)装配式混凝土结构体系的选择与创新应该得到专家论证，深化设计图应符合专家论证的结论；

(2)对于装配式混凝土结构与常规结构的转换层，其固定部分需与预制墙板灌装套筒对接的预埋钢筋长度和位置相一致；

(3)预制剪力墙间边缘构件与后浇混凝土结合部位做成粗糙面或键槽；

(4)预制剪力墙之间上部叠合梁对接节点部位的钢筋，包括锚固板搭接是否存在矛盾等；

(5)预制外挂墙板的外挂节点做法、防水和封闭的做法等；

(6)水电线管盒的预埋、预留，预制墙板内的预埋管线与现浇板的预埋管线的衔接。

施工图纸自审记录见表2-1-1，施工图纸会审记录见表2-1-2。

表2-1-1　施工图纸自审记录

<table>
<tr><td>建设单位</td><td colspan="2">璞悦湾6号楼</td><td>自审时间</td><td colspan="2">2023年1月25日</td></tr>
<tr><td>工程名称</td><td colspan="2">教学楼</td><td>自审地点</td><td colspan="2">公司四楼会议室</td></tr>
<tr><td rowspan="8">参加会审人员</td><td>姓名</td><td colspan="2">职称</td><td>职务</td><td>部门</td></tr>
<tr><td>严明德</td><td colspan="2">助工</td><td>项目经理</td><td>项目部</td></tr>
<tr><td>王强</td><td colspan="2">工程师</td><td>公司副经理</td><td>总工室</td></tr>
<tr><td>李小涛</td><td colspan="2">工程师</td><td>施工员</td><td>项目部</td></tr>
<tr><td>林松旺</td><td colspan="2">助工</td><td>助理施工员</td><td>项目部</td></tr>
<tr><td>吴明东</td><td colspan="2">助工</td><td>水电质检员</td><td>工程部</td></tr>
<tr><td>卢小强</td><td colspan="2">助工</td><td>土建质检员</td><td>工程部</td></tr>
<tr><td>张小全</td><td colspan="2">工程师</td><td>项目技术负责人</td><td>工程部</td></tr>
<tr><td colspan="6">自审记录：
1. 伸缩缝净距没有标明？
2. 电梯井的详图、整套图均未找到，是否设计遗漏？
3. 结施3的KL1配筋图中箍筋不详。
4. 建施8与结施12的开间尺寸对不上号。
5. 设计说明中的“砖砌体材料均为空心砖”不合理，基础部位应为实心砖。
6. 楼面水磨石没有注明其颜色。
7. 五层板厚没有具体注明是否与四层板厚相同。</td></tr>
</table>

注：表格内容要求用碳素墨水填写。

表 2-1-2　施工图纸会审记录

<table>
<tr><td colspan="2">建设单位</td><td colspan="2">璞悦湾 6 号楼</td><td>会审时间</td><td>2023 年 1 月 25 日</td></tr>
<tr><td colspan="2">工程项目</td><td colspan="2">教学楼</td><td>主持人</td><td>江小明</td></tr>
<tr><td rowspan="11">参加会审人员</td><td colspan="2">姓名</td><td>职务</td><td colspan="2">工作单位</td></tr>
<tr><td colspan="2">江志明</td><td>副总经理</td><td colspan="2">黑龙江省××开发投资公司</td></tr>
<tr><td colspan="2">冯大民</td><td>项目负责人</td><td colspan="2">黑龙江省××开发投资公司</td></tr>
<tr><td colspan="2">陈志林</td><td>驻工地代表</td><td colspan="2">黑龙江省××开发投资公司</td></tr>
<tr><td colspan="2">翁阳京</td><td>总监理工程师</td><td colspan="2">黑龙江省××建设监理公司</td></tr>
<tr><td colspan="2">陈平林</td><td>监理员</td><td colspan="2">黑龙江省××建设监理公司</td></tr>
<tr><td colspan="2">吴小山</td><td>监督员</td><td colspan="2">黑龙江省××县建筑工程监督站</td></tr>
<tr><td colspan="2">张兴强</td><td>设计员</td><td colspan="2">黑龙江省××建筑工程设计院</td></tr>
<tr><td colspan="2">林木森</td><td>项目经理</td><td colspan="2">黑龙江省××建筑工程有限公司</td></tr>
<tr><td colspan="2">蔡小海</td><td>施工员</td><td colspan="2">黑龙江省××建筑工程有限公司</td></tr>
<tr><td colspan="2">卢加强</td><td>质检员</td><td colspan="2">黑龙江省××建筑工程有限公司</td></tr>
<tr><td colspan="6">会审记录：
1. ①与②的伸缩缝净距为 100 mm。
2. 电梯井的详图套用闽 85J2356-23 图集。
3. 结施 3 的 KL1 配筋图中箍筋为 Φ8@200。
4. 建施 8 开间尺寸 3 600 mm 应为 3 300 mm。
5. 设计说明中的“砖砌体材料均为空心砖”应为“基础以上部分砖砌体均为空心砖”。
6. 二层以上楼面水磨石的颜色为白水泥掺绿色石子。
7. 五层板厚与四层板厚相同均为 100 mm。</td></tr>
</table>

注：表格内容要求用碳素墨水填写。

(二)技术交底

技术交底的内容包括图纸交底、施工组织设计交底、设计变更交底、分项工程技术交底。技术交底采用三级制，即项目技术负责人→施工员→班组长。

项目技术负责人向施工员进行交底，要求细致、齐全，并应结合具体操作部位、关键部位的质量要求、操作要点及安全注意事项等进行交底。

施工员接受交底后，应反复、细致地向操作班组进行交底，除口头和文字交底外，必要时应进行图标、样板、示范操作等方法的交底。

班组长在接受交底后，应组织工人进行认真讨论，保证其明确施工示意图。现场施工人员要坚持每日班前会制度，与此同时，进行安全教育和安全交底，做到安全教育天天讲，安全意识念念不忘。

【问题与讨论】

1. 装配式混凝土结构体系有哪几种常见类型？主要的预制构件有哪些？
2. 简述装配式混凝土施工流程。

3. 如何对预制构件吊装阶段施工进行平面布置？
4. 如何实施施工各阶段场地分析？

任务二 装配式混凝土施工资源配置

一、知识目标

1. 学会施工材料的准备；
2. 学会施工机具的准备；
3. 学会施工人员准备；
4. 学会垂直运输机械的准备工作。

二、能力目标

学生通过对施工资源配置能够掌握装配式建筑项目各方协同能力，能够根据实际情况进行人工、材料、机械的配置。

三、素质目标

1. 通过任务引领的项目化教学，培养学生综合协调能力和认真负责的态度；
2. 通过团队协作，小组教学提高学生自主创新能力。

【案例描述】

某小区采用装配式混凝土施工方式，按照工期进度安排，需要 5 天时间完成工程资源配置，包括构件进场安装和检查。在项目经理的带领下，需要完成人员、材料、机械的选型和配置

【案例背景】

根据装配式建筑图纸设计要求及经验，结合本项目装配式建筑结构体复杂、质量大和施工复杂的情况，成立装配式建筑结构施工小组，由有装配式建筑结构施工经验的班组进行施工。装配式建筑结构管理小组暂由 20 人组成。其中，配置一个装配式建筑结构施工班组和一个灌浆施工班组。每个装配式建筑结构施工班组计划配备 10 人。每个灌浆施工班组计划配备 4 人。施工前要将装配式建筑结构施工物资准备好，以免在施工过程中，因为物资问题而影响施工进度和质量。物资准备工作程序是搞好物资准备的重要手段。

【项目实施】

一、任务下达

(1)开工前应组织好劳动力准备，建立拟建工程项目领导机构和精干、有经验的施工队伍，

集结施工力量，组织劳动力进场，向施工队组工人做好施工技术交底，同时建立健全各项管理制度。根据施工预算进行工程施工方法和施工进度的安排，拟定统配材料、构配件及制品施工工具和工艺设备等物资的需要量计划。

(2)按照施工总平面图要求，组织物资按计划时间进场，在指定的时间内按规定方式进行存储或堆放。

(3)各工种人员配备齐全，关键岗位人员进行专业培训，每组灌浆工不少于4人，每组构件安装工不少于5人。

二、任务实施

(一)材料准备

材料准备主要是预制构件的准备，应确定其名称、工程部位、数量等必要信息。材料主要有：预制构件、坐浆料、灌浆料、灌浆胶塞、灌浆堵缝材料、机械套筒、调整标高螺栓或垫片、临时支撑部件、固定螺栓、安装节点金属连接件、密封胶条、耐候建筑密封胶、发泡聚氨酯保温材料、修补料、防火塞缝材料等。

1. 构件主要存放架

构件的存放要保持平稳，底部应放置垫木或垫块。存放中应保证预埋吊件朝上，标识应向外。墙板存放架如图2-1-6所示。

图2-1-6　墙板存放架

2. 构件安装支撑

临时支撑设备主要用于预制构件吊装到设计位置之后，在灌浆料或后浇混凝土达到规定强度之前为预制构件提供临时支撑。临时支撑主要有竖向构件的斜支撑和水平构件的板底支撑、梁底支撑。构件安装支撑如图2-1-7所示。

3. 外防护架

为了防止登高作业事故和临边作业事故的发生，可在临边搭设定型化工具式防护栏杆，搭设过程中应当严格按照《建筑施工高处作业安全技术规范》的规定要求。外挂脚手架，其架体由三角形钢牛腿、水平操作钢平台及立面钢防护网组成。外防护架如图2-1-8所示。

图 2-1-7　构件安装支撑

图 2-1-8　外防护架

(二)机具准备

机械设备配置是对机械设备全过程的管理,即从选购机械设备开始,经使用、磨损、维保、停用、拆安等全过程进行管理。装配式混凝土建筑施工与传统现浇结构的施工相比,吊装工程量较大,随时运行的垂直运输设备的配置尤为重要。

1. 机械设备的选型依据

(1)工程特点。根据工程平面的分布长度、高度、宽度等结构形式确定设备选型。

(2)工程量。充分考虑建筑建设工程,根据加工运输的工程量大小决定选用的设备型号。

(3)施工项目的施工条件。施工条件要考虑现场道路条件、周边环境条件、现场平面布置条件等。

2. 配套吊具

吊具的选择必须保证被吊构件在起吊过程中不发生变形、损坏,在起吊后不发生倾斜、转动和翻转。吊具的选择应根据预制构件的形状、质量、体积、吊点、吊装要求及现场作业条件确定。吊具应保证吊索受力均匀,吊索间夹角应不大于 60°,吊索的合力作用点应与被吊构件的重心在同一铅垂线上。当预制构件无吊点时,应通过施工力学计算确定绑扎点位置。配套预制墙板吊具如图 2-1-9 所示。吊扣、吊链等配件如图 2-1-10 所示。

3. 灌浆机具

灌浆机具如图 2-1-11 所示。

图 2-1-9　配套预制墙板吊具

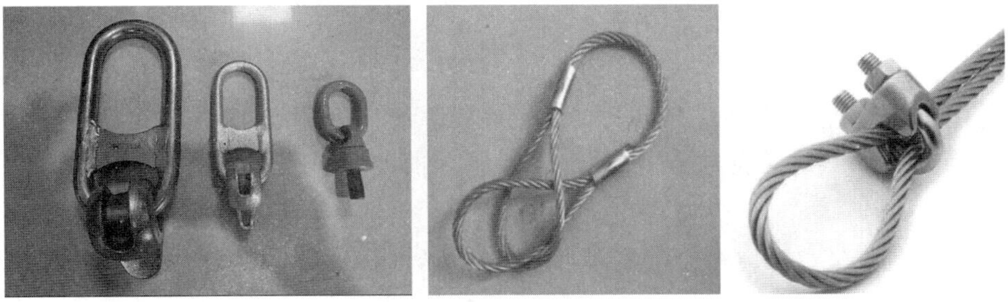

图 2-1-10　吊扣、吊链等配件

图 2-1-11　灌浆机具

4. 测量工具

测量工具有经纬仪、水准仪等，如图 2-1-12 所示。

(三)人员准备

对装配式混凝土建筑施工管理人员、技术人员和施工人员，要做好培训工作。

根据装配式混凝土建筑工程的特点和具体项目的实际情况，配置项目施工组织的机构和专业技术管理人员、专业施工作业人员，落实职责分工。所配备的人员应具备装配式建筑施工岗位所需要的基础知识和技能。

图 2-1-12　经纬仪、水准仪

(1)专业技术管理人员培训。装配式建筑施工管理人员除了培训组织施工的基本管理能力外，应当使他们熟悉装配式建筑施工工艺、质量标准和安全规程，有非常强的计划管理意识。

(2)专业施工作业人员培训。专业施工人员包括塔式起重机操作员、信号工、安装工、灌浆工。这四类人员均应经专业培训，并经考试合格后，方可持证上岗。人员理论和实操培训如图 2-1-13 所示。

图 2-1-13　人员理论和实操培训

1. 吊装作业班组劳动力配置

装配整体式混凝土结构在预制构件施工中需要进行大量的吊装作业，吊装作业的效率将直接影响工程施工的进度，吊装作业的安全将直接影响施工现场的安全文明管理。吊装作业班组一般由班组长、吊装工、测量放线工、司索工等组成。

2. 灌浆作业班组劳动力配置

(1)灌浆作业人员需经过培训考核，全面掌握灌浆施工的技术并持证上岗，应根据工期作业面积计算出需要的作业人员和时间，及时配备和调整作业人员，确保灌浆作业按计划实施。

(2)一般每组需要 4 名作业人员：组长 1 人，操作人员 3 人。

(3)每组作业人员需要协调完成接缝封堵、分仓灌装料搅拌和灌装的作业，根据实践经验，每组作业人员完成一根截面面积为 600 mm×600 mm 的预制柱的灌浆作业，累计时间需要 20 min 左右。一个长 3 m 左右间距为 200 mm 的双排套筒，剪力墙灌浆作业累计时间需要

15 min左右。完成一个长3 m左右单排套筒内剪力墙灌装作业累计时间需要10 min左右。

(4)灌浆作业应配备专职质检人员对罐装作业进行全过程的检查和监督。

(四)垂直运输设备准备

整体装配式混凝土结构,一般情况下采用的预制构件体型大,人工很难对其加以吊运安装作业。通常情况下,我们需要采用大型机械吊运设备完成构件的吊运安装工作。吊运设备分为移动式汽车起重机和塔式起重机。实际施工过程中,合理使用两种吊装设备,使其优缺点互补,以便于更好地完成各类构件的吊运安装工作,取得最佳的经济效益。

起重机选型首先取决于装配式混凝土结构的工程规模,如小型多层装配式混凝土结构,可选择小型经济型塔式起重机。高层建筑的塔式起重机需要选择与之相匹配的集中设备,因垂直运输能力直接决定结构施工速度的快慢。塔式起重机吊装作业如图2-1-14所示。

在装配整体式混凝土结构施工中,对于吊运设备的选择,通常会根据设备造价、合同周期、施工现场环境、建筑高度、吊件吊运质量等因素综合考虑确定。一般情况下,在低层多层装配整体式施工混凝土结构中,预制构件的吊运安装作业通常采用移动式汽车起重机。当现场构件需二次倒运时可采用移动式汽车起重机。汽车起重机吊装作业如图2-1-15所示。

图2-1-14 塔式起重机吊装作业

图2-1-15 汽车起重机吊装作业

三、实施成果

1. 塔式起重机型号选型

塔式起重机的型号可查阅国家标准《塔式起重机》(GB/T 5031—2019),通常以塔式起重机的最大工作幅度作为塔式起重机臂长的参数。在装配式建筑施工时,塔式起重机除了承担建筑材料、施工机具的运输,还承担所有预制混凝土构件的吊运安装,因此起重能力要求高、型号较大。

塔式起重机选取的主要原则是应满足最高构件的吊装要求,通过其起升高度或附着高度及可爬升能力确定。塔式起重机高度H应满足下式的要求:

$$H \geqslant H_1 + H_2 + H_3 + H_4$$

式中：H 为起重机的起重高度(m)；H_1 为建筑物高度(m)；H_2 为安全吊装高度(m)；H_3 为预制构件最大高度(m)；H_4 为索具高度(m)。

塔式起重机回转半径应尽量覆盖整个建筑物，塔式起重机工作幅度 R 应能满足塔臂覆盖堆场构件，避免出现覆盖盲区，减少构件的二次搬运。有多种高度差别较大的建筑时，可考虑选用汽车式起重机解决塔式起重机难以覆盖的多层建筑死角部位吊装。

塔式起重机应能满足最大起重能力的要求。塔式起重机选型时应结合其尺寸及起重机载荷特点，考虑施工中最远最重的预制构件对塔式起重机起重能力的要求。塔式起重机起重力矩应满足下式的要求：

$$M \geqslant 1.3 \times (Q \times R)$$

式中：Q 为起重机的起重量(t)；R 为塔式起重机工作幅度(m)。

一般而言，建筑物施工高度在 70 m 以下的住宅工程，可选择 QTZ63B、QTZ80 等小型号塔式起重机；对于建筑物施工高度在 70 m 以上的住宅建筑，应首先选择 F0/23B 系列或以上的塔式起重机，此塔式起重机锚固次数少、速度快，在工程施工或抢工期间可发挥重要作用。对于建筑物施工高度超过 200 m 的工程，建议选择爬升式塔式起重机，可随着建筑物结构的施工速度逐步爬升。

2. 吊索验算

吊索(钢丝绳)的容许拉力按照下式计算：

$$[F_g] = \frac{\propto F_g}{K}$$

式中：$[F_g]$为钢丝绳的允许拉力(kN)；$\propto$为钢丝绳之间的荷载不均匀系数，对 6×19、6×37、6×61 钢丝绳分别取 0.85、0.82、0.8；K 为钢丝绳使用安全系数，吊索安全系数不应小于 5；F_g 为钢丝绳的拉力总和(kN)。

其中，F_g 应按照下式计算：

$$F_g = fA$$

式中：f 为吊索强度设计值(N/mm^2)；A 为吊索的截面面积。

【相关知识】

∵ 预制构件进场验收与堆放 ∵

1. 构件进场质量验收

构件进场质量验收包括钢筋及混凝土强度等质量证明文件、产品标识、外观和结合面质量、尺寸偏差、预埋件和预留孔位置、数量等，如图 2-1-16 所示。

2. 构件堆放要求

(1)场地平整、坚实，并有良好的排水措施；

(2)构件分类堆放，构件与刚性搁置点之间设置柔性垫片；

图 2-1-16 预制构件进场验收

(3)采用叠放方式时,每层构件间的垫木或垫块在同一垂直线上,楼板叠放层数不宜大于6层,柱、梁叠放层数不宜大于2层;

(4)墙板类预制构件宜采用堆放架插放或靠放;

(5)外露预埋铁件涂刷防锈漆。

预制构件堆放如图 2-1-17 所示。

图 2-1-17 预制构件堆放

【问题与讨论】

1. 简述装配式混凝土结构施工物资准备的程序和要求。
2. 吊装作业和灌浆作业人员如何配置?
3. 吊运设备选型主要有哪几种?
4. 技术交底的三级制该如何执行?

子项目二　装配式混凝土结构施工工艺流程

一、知识目标

1. 学会预制构件现场装配准备及场内运输；
2. 学会预制构件的吊装和现场验收；
3. 学会预制构件临时支撑与现场连接；
4. 学会预制构件的灌浆作业和现场连接施工。

二、能力目标

学生具有能借助视频及软件进行施工现场管理，掌握预制构件装配准备和进场验收检验能力；具有现场吊装指挥管理能力；能具有预制构件安装施工组织能力。

三、素质目标

1. 通过任务引领的项目化教学，培养学生团队创新能力及一丝不苟的工作态度；
2. 通过拓展知识训练，培养学生多渠道调研分析能力；
3. 开展小组教学，培养学生的团结、合作精神。

【案例描述】

某停车楼项目为装配式立体停车楼，该楼采用全装配式钢筋混凝土剪力墙——梁柱结构体系，预制率95%以上，设防烈度为7度，结构抗震等级为三级。该工程地上4层，地下1层，预制构件共计3 788块，其中水平构件及竖向构件连接均采用灌浆套筒连接方式。

【案例背景】

该项目技术员赵某需要结合施工及验收规范的要求完成本项目的预制构件的安装任务。

【项目实施】

一、任务下达

相较于现浇式混凝土结构，装配式混凝土结构有助于提高施工质量、提升施工效率、节约劳动力。但同时，装配式结构施工对施工方法和安装精度也提出了更高要求。装配式混凝土结构施工的主要环节包括预制构件安装、构件连接、外墙防水等。在装配式建筑施工中，应对施工全过程各环节涉及的材料、施工方法、施工机具等进行选择，确定质量、安全措施、质量验收方法。通过精心准备和规范作业，提高施工质量，实现安全、文明和绿色施工。主体结构施工工艺流程如图 2-2-1 所示。套筒灌浆施工工艺流程如图 2-2-2 所示。竖向构件安装施工工艺流程如图 2-2-3 所示。

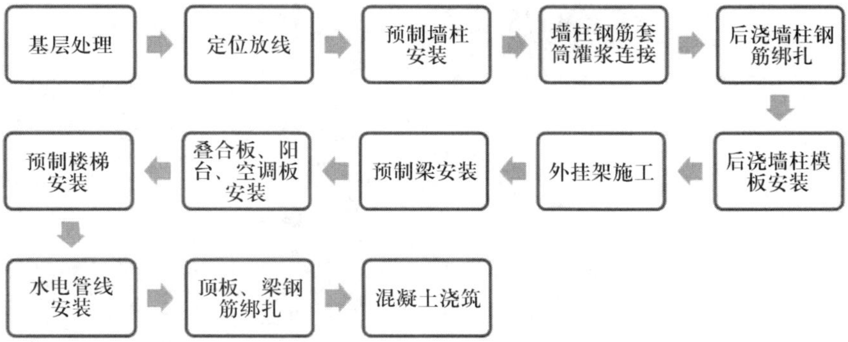

图 2-2-1　主体结构施工工艺流程

图 2-2-2　套筒灌浆施工工艺流程

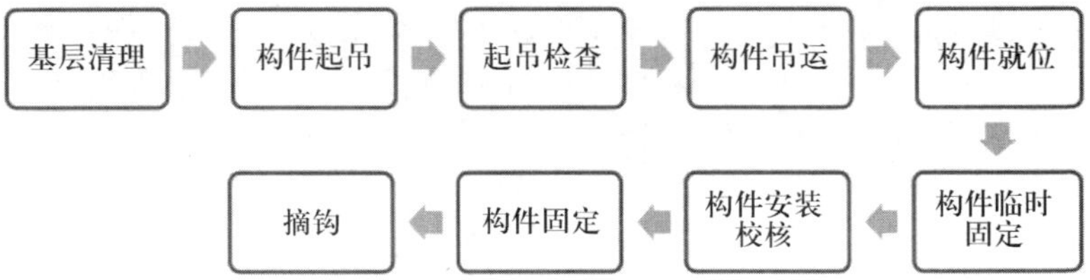

图 2-2-3　竖向构件安装施工工艺流程

二、任务实施

1. 基层处理

毛化和清理构件安装部位基层，如图 2-2-4 所示。

2. 定位放线

根据图纸在底板(楼板)面放出每块预制构件的具体位置线，并进行有效复核。

(1)弹出轴线和构件安装位置线，并抄出标高，每层楼面轴线控制点不宜少于 4 个，如图 2-2-5、图 2-2-6 所示。

(2)校核预埋件及连接钢筋的数量、位置、尺寸和标高，如图 2-2-7 所示。

图 2-2-4　基层毛化和清理

图 2-2-5　轴线引测及放线

图 2-2-6　抄平、安放垫块

图 2-2-7　钢筋校核

预制墙体钢筋
定位模板

3. 预制墙、柱安装

(1)对照图纸复核构件尺寸、编号,选择合适的吊具。将构件吊至相应位置,使插筋准确插入墙、柱预留套筒内,并及时支设斜支承。如图 2-2-8 所示。

(a) 复核构件尺寸

(b) 起吊构件

(c) 构件就位

(d) 构件安装

图 2-2-8　预制墙、柱安装

(2)预制墙、柱斜撑和底部限位装置应符合下列规定:

①墙板斜撑不少于 2 道,柱垂直两面斜撑各不少于 1 道,斜撑上支撑点距离板底不宜大于板高的 2/3,且不小于板高的 1/2,间距不宜大于 4 m;

②墙板底部宜设置限位装置,且不少于 2 个,柱垂直两面底部限位装置各不少于 1 个。预制墙斜撑和底部限位固定如图 2-2-9 所示。

(a) 墙板斜撑固定

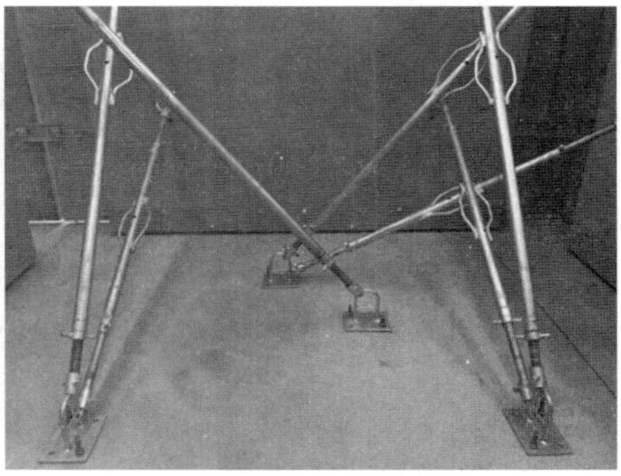

(b) 墙板底部限位固定

图 2-2-9　预制墙斜撑和底部限位固定

(3)预制混凝土墙板安装应遵循以下准则进行校核与调整：

①墙板安装平整度以外墙面为主；

②墙板拼缝以竖缝为主，横缝为辅；

③阳角墙板以阳角垂直度为柱，如图 2-2-10 所示。

预制墙板支撑

4. 墙、柱钢筋套筒灌浆连接

(1)依照灌浆分仓图，采用专用胶水或钢钉固定海绵条进行分仓，分仓区的长度不宜大于 1.5 m。灌浆分仓如图 2-2-11 所示。

(a) PCF板螺栓连接　　(b) PB板螺栓连接

图 2-2-10　墙板阳角固定

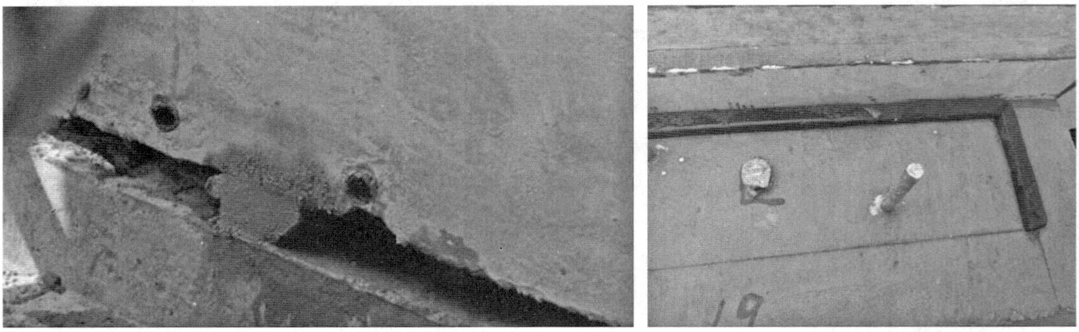

(a) 砂浆分仓　　(b) 橡胶条分仓

图 2-2-11　灌浆分仓

(2)采用 15 mm 宽塑料条嵌入墙、柱底部与基层的空隙，并用专用封堵砂浆进行封仓，如图 2-2-12 所示。

(3)按照灌浆料产品使用说明书制备灌浆料，如图 2-2-13 所示，灌浆料搅拌应充分、均匀，并宜静置 2 min 后使用。

(4)进行流动度检测(图 2-2-14)，并做好记录，满足要求后方可使用。同时按规范要求留置灌浆料试块。

(5)利用灌浆设备灌浆。当浆料从出浆孔呈柱状流出时用胶塞封堵，并依次连续灌浆封堵。拔出灌浆嘴时，必须及时封堵进浆孔。如图 2-2-15 所示。

(a) 嵌入塑料条

(b) 砂浆封仓

图 2-2-12　封仓

图 2-2-13　灌浆料制备

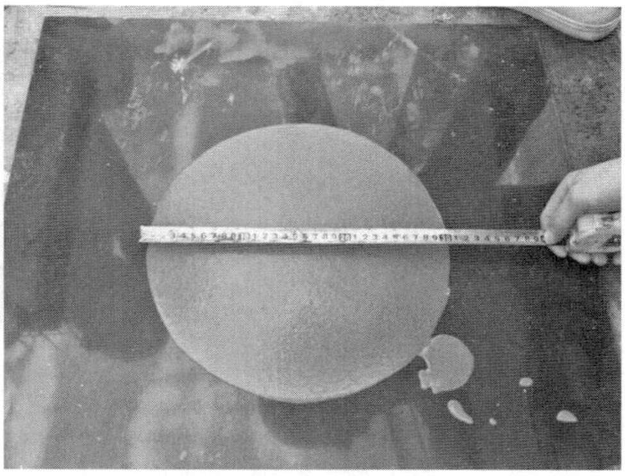

图 2-2-14　流动度检测

(6)当灌浆施工出现无法出浆或漏浆情况时,应及时查明原因,并采取处理措施。

(7)做好灌浆作业施工质量检查记录,留存影像资料。

(8)灌浆作业完成后,清理灌浆口及构件表面的浆液,如图 2-2-16 所示。

图 2-2-15　灌浆作业

图 2-2-16　灌浆清理

5. 后浇墙、柱钢筋绑扎

按设计要求进行墙、柱钢筋绑扎,如图 2-2-17 所示,预埋好水电管线。

图 2-2-17　后浇墙、柱钢筋绑扎

6. 后浇墙、柱模板安装

(1)模板宜选用轻质、高强、耐用、定型化材料；

(2)预埋件安装牢固、位置准确。

模板安装如图 2-2-18 所示。

(a) 转角墙木模板　　(b)“一”字形墙木模板

(c) 转角墙铝模板　　(b)“一”字形墙铝模板

图 2-2-18　模板安装

7. 外挂架施工

(1)组装三角架、走道板、护栏；

(2)安装第一层外挂架时，用起吊设备将外挂架吊起至安装位置，并利用穿墙螺杆将外挂架固定在外围结构上，确保外挂架间距及外挂架离墙间距不大于 20 mm；

(3)安装第二层外挂架时，利用第一层外挂架作为作业平台进行安装；

(4)安装第三层外挂架时，利用起吊设备吊住第一层外挂架，在室内松开外挂架防坠穿墙螺杆，缓慢起吊外挂架至第三层相应位置，并站在第二层外挂架和室内进行安装；

(5)按上述方法逐层拆除、翻运、安装。

外挂架安装如图 2-2-19 所示。

(a) 墙板完成后

(b) 外挂架翻运

(c) 外挂架就位固定

(d) 外挂架安装后全貌

图 2-2-19 外挂架安装

8. 预制梁安装

(1)按照先主梁后次梁的顺序安装；

(2)测量、修正柱顶标高，确保梁底标高一致，柱上弹出梁边控制线；

(3)梁底应设置不少于 2 道垂直支撑或一组支撑架。

预制梁安装如图 2-2-20 所示。

主梁与次梁端部节点连接

图 2-2-20　预制梁安装

9. 叠合板安装

(1)根据叠合板标高架设满堂支撑架或独立式支撑架；

(2)安装木方托梁，确保托梁标高一致，与叠合板桁架钢筋垂直；

(3)将叠合板吊至木方托梁上，叠合板预留筋不得弯折；

(4)相邻叠合楼板间拼缝可采用干硬性防水砂浆塞缝，大于 20 mm 的拼缝，采用吊模施工。

叠合板安装如图 2-2-21 所示。

(a) 叠合板起吊

(b) 叠合板就位

(c) 叠合板脱钩

(d) 独立式支撑架

图 2-2-21　叠合板安装

10. 阳台、空调板安装

(1)阳台板、空调板锚固钢筋应伸入现浇结构内，与现浇结构浇筑连成整体；

(2)阳台板、空调板安装方法与叠合板安装方法相同。

阳台板、空调板安装如图 2-2-22 所示。

(a) 阳台板安装　　(b) 空调板安装

图 2-2-22　阳台板、空调板安装

预制楼梯测量放线

11. 预制楼梯安装

(1)复核楼梯支承部位的控制线及标高；

(2)简支预制楼梯可直接安装在支承梁上，非简支预制楼梯安装前须在楼梯下设置临时支承；

(3)起吊预制楼梯，保持踏面水平；

(4)将预制楼梯预留孔对准定位钢筋准确安装就位。

预制楼梯安装如图 2-2-23 所示。

(a) 楼梯起吊　　(b) 楼梯安装

图 2-2-23　预制楼梯安装

12. 水电管线安装

按照图纸设计，将管线穿过叠合板桁架钢筋安装水电管线，如图 2-2-24 所示。

13. 楼板、梁钢筋绑扎

先绑扎梁钢筋，然后进行板面钢筋绑扎，如图 2-2-25 所示。

14. 混凝土浇筑

(1)检查模板，清理楼面；

(2)做好钢筋、预埋件等各项隐蔽验收工作；

(3)按照先竖向、后水平向顺序浇筑混凝土，并振捣密实；

图 2-2-24　管线安装

图 2-2-25　楼板钢筋绑扎

(4)及时洒水覆盖养护混凝土。

混凝土浇筑如图 2-2-26 所示。

图 2-2-26　混凝土浇筑

15. 防水处理

(1)预制构件接缝防水处理。

①底涂处理打胶部位墙板；

②在缝内填嵌 PE 棒,PE 棒距面层 20 mm；

③顺缝边粘贴美纹纸,确保美纹纸顺直；

④用打胶枪连续封打耐候密封胶,压实抹平耐候密封胶,打胶厚度不宜小于 15 mm；

⑤水平缝宜从一端向另一端封打,竖向缝宜从下向上封打；

⑥撕下美纹纸并修边。

预制构件接缝防水施工如图 2-2-27 所示。

(a) 基层处理　(b) 填塞PE棒　(c) 粘贴美纹纸　(d) 密封胶施工

图 2-2-27　预制构件接缝防水施工

(2)预制构件预留洞防水处理。

①预留洞口底面宜采用外低内高的形式；

②采用聚氨酯发泡剂将洞口封堵严密,并将外露聚氨酯塞入孔洞中,凹入外墙面 20～

30 mm，不得切割聚氨酯；

③采用微膨胀砂浆封堵 20～30 mm 凹坑，并与外墙面抹压平整。

三、实施成果

(一)预制构件吊装

(1)正式吊装作业前，应先试吊，确认安全后，方可继续作业；

(2)吊装施工中，吊索与预制构件水平夹角不宜小于 60°，不得小于 45°，吊机主钩、吊具及预制构件重心须在竖直方向重合；

(3)竖向预制构件起吊点不少于 2 个，预制楼板起吊点不少于 4 个，如图 2-2-28 所示，跨度大于 6 m 的预制楼板起吊点不宜少于 6 个；

(a) 墙板吊运

(b) 叠合板吊运

图 2-2-28　预制构件吊运

(4)预制构件在吊运过程中须保持平衡，吊具受力均衡，如图 2-2-29 所示；

图 2-2-29　楼梯吊运

(5)预制构件安装完成后应及时组织验收。

(二)预制构件支撑固定与拆除

(1)竖向预制构件安装就位后，须及时用支撑固定，且支撑不得少于 2 道；

(2)首层水平构件支撑架体的地基须硬化、平整；

(3)水平构件支撑的间距及其与墙、柱、梁边的净距须经设计计算确定，竖向连续支撑层数不宜少于 2 层，且上、下层支撑宜对准；

(4)水平构件支撑的拆除须在装配式混凝土结构达到后续施工承载力要求后进行。

(三)灌浆作业

(1)灌浆料应根据不同的施工气温合理选择。灌浆施工时，环境温度低于 5 ℃时不宜施工，低于 0 ℃时不得施工，如需施工，可采取灌浆料拌和水升温措施；当环境温度高于 30 ℃时，宜采取灌浆料拌和水加冰块等降温措施。

(2)灌浆作业时，当出浆孔有连续柱状浆体流出方可封堵。

(3)灌浆作业如出现爆仓现象，必须立即停止作业，凿除爆仓区段的封仓料，拔出封浆塞，用高压水将套筒内和底部灌浆料冲洗干净，然后重新封仓和灌浆。

(4)宜采用方便观察且有补浆功能的透明工具进行灌浆作业。

(四)施工记录

装配式混凝土结构施工须做好以下记录：

(1)预制构件进场验收记录；

(2)外墙淋水、楼地面蓄水施工质量检验记录；

(3)灌浆施工记录等。

【相关知识】

(一)质量与验收

1. 质量标准

预制构件进场验收和施工质量须符合《装配式混凝土结构技术规程》(JGJ 1)、《装配式混凝土建筑技术标准》(GB/T 51231)等的要求，详见表 2-2-1、表 2-2-2。

表 2-2-1　预制构件进场的允许偏差及检验方法

项目			允许偏差/mm	检验方法
长度	楼板、梁、柱、桁架	<12 m	±5	尺量
		≥12 m 且<18 m	±10	
		≥18 m	±20	
	墙板		±4	
宽度、高(厚)度	楼板、梁、柱、桁架		±5	尺量一段及中部，取其中偏差绝对值较大处
	墙板		±4	
表面平整度	楼板、梁、柱、墙板内表面		5	2 m 靠尺和塞尺量测
	墙板外表面		3	

续表2-2-1

项目		允许偏差/mm	检验方法
侧向弯曲	楼板、梁、柱	$L/750$ 且≤20	拉线、直尺量测最大侧向弯曲处
	墙板、桁架	$L/1\,000$ 且≤20	
翘曲	楼板	$L/750$	调平尺在两端量测
	墙板	$L/1\,000$	
对角线	楼板	10	尺量两个对角线
	墙板	5	
预留孔	中心线位置	5	尺量
	孔尺寸	±5	
预留洞	中心线位置	10	尺量
	洞口尺寸、深度	±10	
预埋件	预埋板中心线位置	5	尺量
	预埋板与混凝土面平面高差	−5,0	
	预埋螺栓	2	
	预埋螺栓外露长度	−5,10	
	预埋套筒、螺母中心线位置	2	
	预埋套筒、螺母与混凝土面平面高差	±5	
预留插筋	中心线位置	5	尺量
	外露长度	−5,10	
键槽	中心线位置	5	尺量
	长度、宽度	±5	
	深度	±10	
备注	1. L 为构件长度,单位为 mm。 2. 检查中心线、螺栓和孔道位置偏差时,沿纵、横两个刚方向量测,并取其中偏差较大值。		

表 2-2-2　预制构件安装与连接质量验收标准

<table>
<tr><td colspan="3">单位(子单位)工程名称</td><td colspan="2"></td><td>分部(子分部)工程名称</td><td></td><td colspan="2">分项工程名称</td><td></td></tr>
<tr><td colspan="3">施工单位</td><td colspan="2"></td><td>项目负责人</td><td></td><td colspan="2">检验批容量</td><td></td></tr>
<tr><td colspan="3">分包单位</td><td colspan="2"></td><td>分包单位项目负责人</td><td></td><td colspan="2">检验批部位</td><td></td></tr>
<tr><td colspan="3">施工依据</td><td colspan="2"></td><td>验收依据</td><td colspan="4"></td></tr>
<tr><td colspan="5">验收项目</td><td>设计要求与规范规定</td><td>样本总数</td><td>抽样数量</td><td>检查记录</td><td>检查结果</td></tr>
<tr><td rowspan="8">主控项目</td><td>1</td><td colspan="3">预制构件临时固定措施</td><td>GB 50204 第 9.3.1 条</td><td></td><td></td><td></td><td></td></tr>
<tr><td>2</td><td colspan="3">套筒灌浆饱满、密实，材料及连接质量</td><td>GB 50204 第 9.3.2 条</td><td></td><td></td><td></td><td></td></tr>
<tr><td>3</td><td colspan="3">钢筋焊接连接接头性能与质量</td><td>GB 50204 第 9.3.3 条</td><td></td><td></td><td></td><td></td></tr>
<tr><td>4</td><td colspan="3">钢筋机械连接接头性能与质量</td><td>GB 50204 第 9.3.4 条</td><td></td><td></td><td></td><td></td></tr>
<tr><td>5</td><td colspan="3">焊接、螺栓连接的材料性能与施工质量</td><td>GB 50204 第 9.3.5 条</td><td></td><td></td><td></td><td></td></tr>
<tr><td>6</td><td colspan="3">预制构件连接部位现浇混凝土强度</td><td>GB 50204 第 9.3.6 条</td><td></td><td></td><td></td><td></td></tr>
<tr><td>7</td><td colspan="3">安装后外观质量</td><td>GB 50204 第 9.3.7 条</td><td></td><td></td><td></td><td></td></tr>
<tr><td>8</td><td colspan="3">底部接缝坐浆强度</td><td>JGJ 1 第 13.2.4 条</td><td></td><td></td><td></td><td></td></tr>
<tr><td rowspan="14">一般项目</td><td>1</td><td colspan="3">外观质量一般缺陷</td><td>GB 50204 第 9.3.8 条</td><td></td><td></td><td></td><td></td></tr>
<tr><td rowspan="2">2</td><td rowspan="2">构件轴线位置</td><td colspan="2">竖向构件(柱、墙板、桁架)</td><td>8 mm</td><td></td><td></td><td></td><td></td></tr>
<tr><td colspan="2">水平构件(梁、楼板)</td><td>5 mm</td><td></td><td></td><td></td><td></td></tr>
<tr><td>3</td><td>标高</td><td colspan="2">梁、柱、墙板、楼板底面或顶面</td><td>±5 mm</td><td></td><td></td><td></td><td></td></tr>
<tr><td rowspan="2">4</td><td rowspan="2">构件垂直度</td><td rowspan="2">柱、墙板安装后的高度</td><td>≤6 m</td><td>5 mm</td><td></td><td></td><td></td><td></td></tr>
<tr><td>>6 m</td><td>10 mm</td><td></td><td></td><td></td><td></td></tr>
<tr><td>5</td><td>构件倾斜度</td><td colspan="2">梁、桁架</td><td>5 mm</td><td></td><td></td><td></td><td></td></tr>
<tr><td rowspan="4">6</td><td rowspan="4">相邻构件平整度</td><td rowspan="2">梁、楼板底面</td><td>外露</td><td>3 mm</td><td></td><td></td><td></td><td></td></tr>
<tr><td>不外露</td><td>5 mm</td><td></td><td></td><td></td><td></td></tr>
<tr><td rowspan="2">柱、墙板</td><td>外露</td><td>5 mm</td><td></td><td></td><td></td><td></td></tr>
<tr><td>不外露</td><td>8 mm</td><td></td><td></td><td></td><td></td></tr>
<tr><td>7</td><td>构件搁置长度</td><td colspan="2">梁、板</td><td>±10 mm</td><td></td><td></td><td></td><td></td></tr>
<tr><td>8</td><td>支座、支垫中心位置</td><td colspan="2">板、梁、柱、墙板、桁架</td><td>10 mm</td><td></td><td></td><td></td><td></td></tr>
<tr><td>9</td><td colspan="3">墙板接缝宽度</td><td>±5 mm</td><td></td><td></td><td></td><td></td></tr>
<tr><td colspan="3">施工单位检查结果</td><td colspan="7">专业工长：
项目专业质量检查员：　　　　年　月　日</td></tr>
<tr><td colspan="3">监理单位验收结论</td><td colspan="7">专业监理工程师：　　　　年　月　日</td></tr>
</table>

2. 质量验收

(1)装配式混凝土结构子分部工程的各分项工程依据与施工方式相一致且便于施工质量控制的原则,结合工程实际,按工作班、楼层、施工缝或施工段划分若干检验批次。

(2)预制构件进场时须进行下列验收:

①预制构件的混凝土强度、相关质量证明文件;

②预制构件的产品标识;

③预制构件的外观质量;

④预制构件的结合面;

⑤预制构件的尺寸偏差;

⑥预制构件上的预埋件、插筋、预留孔洞、套筒及灌浆孔的规格、位置、数量;

⑦预制构件结构性能检验、预制构件实体检验。

(3)装配式混凝土结构子分部工程除应按《混凝土结构工程施工质量验收规范》(GB 50204)的要求进行隐蔽项目验收,尚须进行下列隐蔽工程验收:

①混凝土结合面的质量,键槽的尺寸、数量、位置;

②后浇混凝土处钢筋的牌号、规格、数量、位置、间距、锚固长度等;

③预埋件焊接接头、钢筋焊接接头、螺栓连接接头、套筒灌浆接头、钢筋浆锚搭接接头等隐蔽的连接部位;

④接缝处防水、防火等构造做法及预制构件之间、预制构件与后浇混凝土之间隐蔽的节点、接缝;

⑤预埋件、预留专业管线的规格、数量、位置;

⑥其他隐蔽项目。

(4)装配式混凝土结构验收须提交下列资料:

①工程设计文件、深化设计文件、设计变更文件;

②装配式混凝土结构施工方案;

③预制构件产品合格证、混凝土强度检验报告、相关性能检验报告等质量证明文件、进场验收记录;

④主要材料及配件质量证明文件、进场验收记录、抽样复验报告;

⑤预制构件安装施工记录;

⑥钢筋套筒灌浆或钢筋浆锚搭接连接的施工记录;

⑦隐蔽工程检查验收文件;

⑧后浇混凝土、灌浆料、坐浆材料强度检验报告;

⑨外墙淋水试验记录,卫生间等有防水要求的房间蓄水试验记录;

⑩分项工程质量验收记录;

⑪驻厂监造记录或结构性能检验报告、结构实体检验报告;

⑫工程的重大质量问题的处理方案和验收记录;

⑬其他文件和记录。

(二)安全文明与环境保护

1. 安全文明

(1)根据工程施工特点对施工作业进行风险识别,对重大危险源予以公示,并制订相对应的安全生产预防措施和应急预案。

(2)对从事预制构件吊装作业及相关人员进行安全培训与交底。

(3)施工作业使用的专用吊具、吊索、定型工具式支撑、支架等,应进行安全验算,使用中进行定期、不定期检查,确保其安全状态。

(4)不得同时吊运一个以上预制构件。

(5)多机作业时,所吊重物距离不得小于 3 m,并有吊机防碰撞措施。

(6)吊装区域内,非作业人员严禁进入。待预制构件降落至所在位置 1 m 以内方可靠近,就位固定后方可脱钩。

(7)雨、雪、雾天气,或者风力大于 5 级时,不得进行吊装作业。

(8)外挂架安装完成后,须及时组织验收,确认安全后方可使用。外挂架拆除时,人员必须站在室内操作。

(9)竖向构件固定用斜支撑不得采用膨胀螺栓固定;水平构件用支撑须确保其强度、刚度和稳定性。

(10)夹芯保温外墙板后浇混凝土连接节点区域的钢筋连接施工时,不得采用焊接连接。

2. 环境保护

(1)施工期间,噪声控制须符合现行国家标准《建筑施工场界环境噪声排放标准》(GB 12523)的规定;

(2)未经处理的废水、污水不得直接排入下水管道;

(3)夜间施工时,须防止光污染对周边居民的影响;

(4)运输车辆保持整洁,防止污染道路,并减少扬尘;

(5)施工中产生的废弃物及时收集,并送至指定储存器内;

(6)施工工地周边须全封闭围挡,工地入口大门处须有装配式建筑宣传标志;

(7)工地出入口处须设置车辆冲洗台。预制构件运输过程中,应保持车辆整洁,防止对厂内外道路污染,并减少扬尘;

(8)施工现场地面须硬化,不得有坑洼不平和积水现象。

【问题与讨论】

1. 装配式混凝土竖向构件进场验收检测要求有哪些?
2. 简述预制构件的吊装要求。
3. 如何做好预制构件的防水处理?

项目三　装配式混凝土建筑装修施工技术与质量验收

子项目一　装配式混凝土建筑内装修施工技术

任务一　装配式内装修总体技术策划与设计

一、知识目标

1. 明确装配式内装修的概念；
2. 学会装配式内装修总体技术策划；
3. 了解装配式内装修施工安装的一般规定。

二、能力目标

学生具有装配式内装修总体技术策划能力，能够统筹项目定位、建设条件、技术选择与成本控制等。

三、素质目标

1. 通过任务引领的项目化教学，培养学生综合分析问题的能力及严谨细致的工作态度；
2. 通过拓展知识训练，培养学生自主学习意识和自学能力；
3. 开展小组教学，培养学生的团结、合作精神。

【案例描述】

2018 年被称为装配式装修的元年，随着装配式建筑的政策性推广、国家对住房租赁市场的大力发展、以雄安为代表的新城区开发和精装房交付的法制化，使短期内批量交付的装修需求量激增，这让以工业化方式实现装修标准化、快速交付的装配式装修有了更广阔的应用空间。装配式装修既是精装批量交付的最佳解决方案，也是对装配式建筑的最好补充。

【案例背景】

《装配式内装修技术标准》(JGJ/T 491—2021)中规定装配式内装修是遵循管线与结构分离的原则,运用集成化设计方法,统筹隔墙和墙面系统、吊顶系统、楼地面系统、厨房系统、卫生间系统、收纳系统、内门窗系统、设备和管线系统等,将工厂化生产的部品部件以干式工法为主进行施工安装的装修建造模式。

【项目实施】

一、任务下达

装配式内装修是一种以工厂化部品应用、装配式施工建造为主要特征的装修方式,其本质是以部品化的方式解决传统装修质量问题,以提升品质、提升效率,同时减少人工、减少资源能源消耗,促进建筑的可持续发展。

装配式内装修是一个系统化的工程,由于技术复杂、系统性强,采用的部品部件需要在工厂进行生产,因此,在项目的初期进行技术策划十分必要。

装配式内装修设计应对建筑未来的使用需求进行预判,使建筑通过简单改造即可以满足长期的使用需求,同时应兼顾日常和特殊时期的使用需求,如居家办公等需求。

二、任务实施

装配式内装修设计流程宜按照技术策划、方案设计、部品集成与选型、深化设计四个阶段进行,如图 3-1-1 所示。

(1)装配式内装修应结合设计、生产、装配一体化的要求,根据工程特点,协同总包单位制订工程施工组织设计及施工方案,明确装配式内装修工程与其他各分项工程的施工界面、施工工序与避让原则。

(2)装配式内装修施工可采用穿插施工的组织方式。穿插施工是在满足主体结构分段验收和其他必要条件时,通过科学合理的组织,实现主体结构施工层以下楼层的内装修施工与主体结构同步施工的方式。穿插施工及分层验收是保证装配式建筑工程施工效率的行之有效的措施。穿插施工可实现各个施工工序互不干扰,从而提升工程效率,缩短工期,对进一步发挥装配技术优势有积极意义。

(3)装配式内装修施工前,应进行样板间或样板的试安装,并应根据试安装结果及时调整施工工艺、完善施工方案,且应经项目参与各方确认,并符合下列规定:

①实体样板包括部品部件样板、工艺工序样板、整体样板间等,宜通过虚拟全景技术展示,增强用户体验感;

②应根据样板实施结果优化施工方案及施工工艺;

③应经建设单位、设计单位、监理单位等相关单位确认后批量施工。

(4)装配式内装修施工中采用的新技术、新工艺、新材料、新设备,应经样板验证后应用,并应符合国家现行有关标准的规定。

(5)装配式装修应根据部品部件安装说明进行施工,不应在现场拆改部品。

(6)装配式装修分项工程施工前应进行隐蔽工程验收。

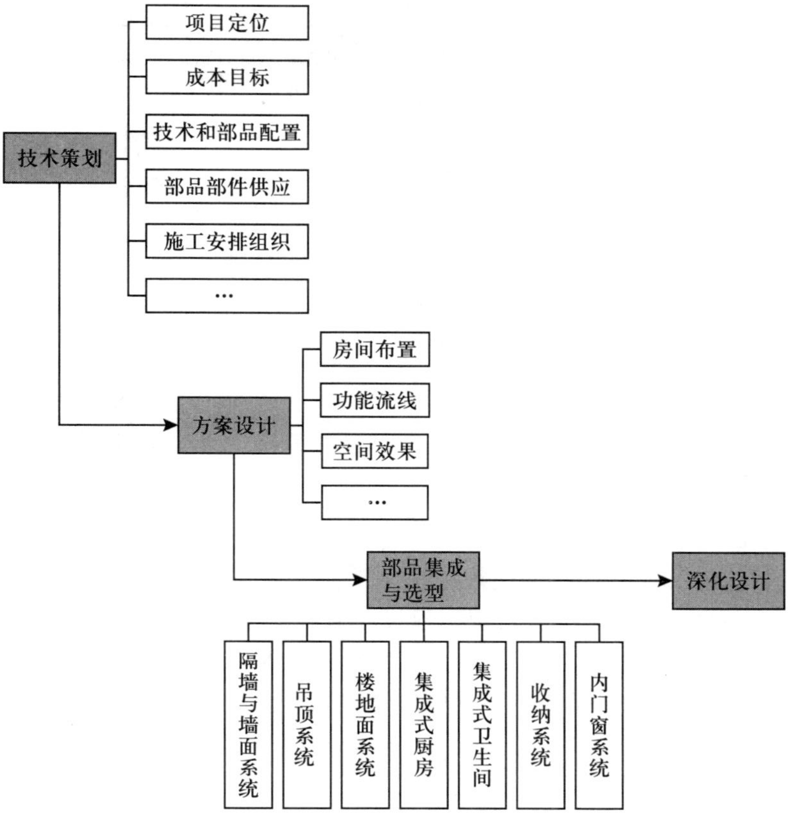

图 3-1-1　装配式内装修设计流程

(7)装配式内装修施工宜采用建筑信息模型(BIM)技术对施工全过程进行模拟、指导及协调管理。

(8)施工单位应根据装配式内装修工程特点和规模设置组织架构、配备管理人员和专业施工队伍。管理与施工人员应具备岗位所需的基础知识和技能。

(9)装配式内装修施工应遵守国家施工安全、环境保护的相关标准,制订安全与环境保护专项方案。装配式内装修施工宜采用绿色施工模式,减少现场切割作业和建筑垃圾。

(10)装配式装修施工宜采用样板房对比、施工开放日、体验式工地、云监工等多元化方式,对施工关键环节进行质量监督。

三、实施成果

(1)装配式内装修施工前,应制订项目招采计划及运输计划,明确部品部件的进场时间及运输条件,保证施工所需的运输通道、堆放场地、垂直运输、供水供电、施工作业面等必要条件。

(2)装配式内装修施工前,应进行设计交底工作,编制专项施工方案。

(3)装配式内装修各分项工程施工前,应核对已完成主体结构的外观质量和尺寸偏差,复核预留预埋、隐蔽工程及成品保护情况,确认具有施工条件,完成施工交接手续。

(4)装配式装修施工前,应根据设计文件及测量放线尺寸,确定部品部件规格,放线时应设置部品部件安装定位标识。

(5)装配式装修施工前,应根据设计要求确认部品部件的样板,装配式装修部品如图 3-1-2 所示。

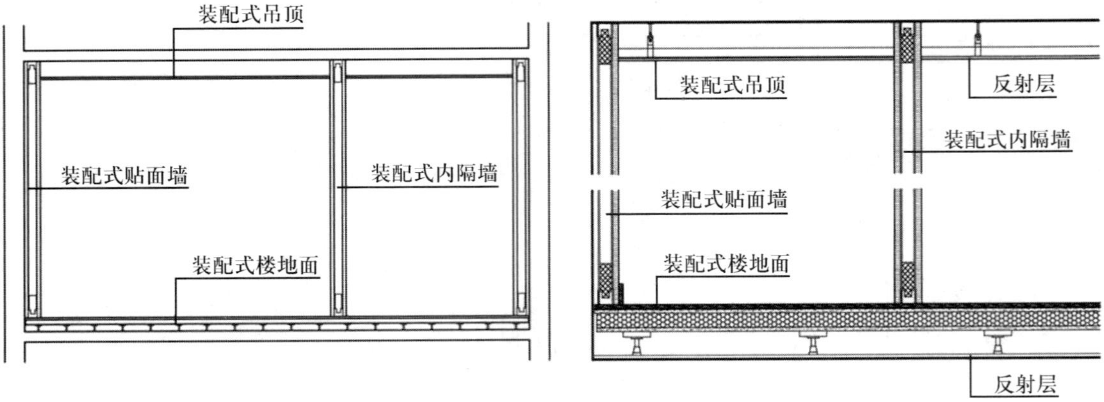

图 3-1-2　装配式装修部品

(6)装配式内装修施工前,应准备施工所需的设备、部品部件及相关场地,并应符合下列规定:

①应制订施工所需设备、部品部件的需求计划及货源组织安排规划;

②部品部件进场时间应遵循施工组织设计及专项施工方案的规定,且应进行进场检验,其规格、性能和外观等应符合设计要求及国家现行有关标准的规定,并应形成相应的验收记录;

③进场部品部件存放时,应分类存放,并宜实行分区管理和信息化台账管理;

④进场部品部件的堆放场地应平整、坚实,堆放方式应确保安全;

⑤部品部件的堆放应按部品的保管要求采取相应的防火、防雨、防潮、防暴晒、防污染、防擦碰等措施;

⑥部品部件由集中堆放场地运输至安装区过程中应注意成品保护。

(7)装配式装修施工前,应对进场材料进行报验,并应按有关规定对材料进行送检,形成相应的验收记录。

(8)装配式装修施工前,应对施工人员进行技术交底及安全培训。

【问题与讨论】

简述装配式内装修的设计流程。

任务二　装配式隔墙施工安装

一、知识目标

1. 了解装配式隔墙的特点及功能要求;
2. 掌握不同类型隔墙的设计规定;
3. 学会装配式隔墙的安装施工流程。

二、能力目标

学生能够编制装配式隔墙安装的施工方案、技术交底、安全交底等文件。

三、素质目标

1. 通过任务引领的项目化教学，培养学生综合分析问题的能力及严谨细致的工作态度；
2. 通过拓展知识训练，培养学生自主学习意识和自学能力；
3. 开展小组教学，培养学生的团结、合作精神。

【案例描述】

青棠湾是北京首个绿色建筑三星标准的公租房项目，于 2017 年年底竣工，为创业者提供 3 790 套公租房，解除其居住的后顾之忧。沁科以集成服务商的身份为该项目践行工业化内装的新理念，供应了全套整体浴室、集成式厨房、集成墙面、内装工业化部品。

该项目技术员张工需要结合施工及验收规范的要求完成预制隔墙的施工安装任务。

【案例背景】

(1)装配式隔墙应选用非砌筑免抹灰的轻质墙体，可选用龙骨隔墙、条板隔墙或其他干式工法施工的隔墙。

(2)装配式隔墙与墙面系统的构造应连接稳固、便于安装，并应与开关、插座、设备管线等的设计相协调；不同设备管线安装于隔墙或墙面系统时，应采取必要的加固、隔声、减震或防火封堵措施。

(3)有防水、防潮要求的房间隔墙应采取有效的防水、防潮措施，隔墙底部应设强度不低于 C20 的混凝土反坎，且顶部应高于建筑完成面不少于 150 mm。

(4)当装配式隔墙需要固定或吊挂设备、物件时，应预先确定固定点的位置、形式和荷载，并结合装配式墙体形式选用局部加强措施。吊挂方案不仅要在施工图中体现，在竣工后的《居住建筑使用说明书》中，也应向用户提供详细的墙体加强位置、吊挂位置、吊挂方式等。

【项目实施】

一、任务下达

装配式建筑要求内隔墙非砌筑、免抹灰，提高现场安装施工效率。装配式隔墙有别于传统的砌筑抹灰隔墙，不应在现场大面积使用水泥砂浆，可采用龙骨隔墙、轻质条板隔墙等形式。其中，龙骨隔墙包括轻钢龙骨隔墙(图 3-1-3)、钢架隔墙等形式，轻质条板隔墙(图 3-1-4)包括蒸压加气混凝土板隔墙、复合夹芯条板隔墙等形式。

装配式隔墙是分隔室内空间的非承重构件。在现代建筑中，为了提高平面布局的灵活性，大量采用隔墙以适应建筑功能的变化。由于隔墙不承受任何外来荷载，且本身的重量还要由楼板或墙下小梁来承受，因此要求隔墙具有厚度薄、自重轻、拆装方便等特点，并且满足不同使用部位的功能要求，如防水、防潮、保温、防火、隔声等。

1. 龙骨隔墙设计

龙骨隔墙设计应符合下列规定：

(1)龙骨隔墙内填充材料宜选用岩棉、玻璃棉等隔声、防火材料，龙骨宜选用金属龙骨；用水房间的隔墙面板应选用防水材料。

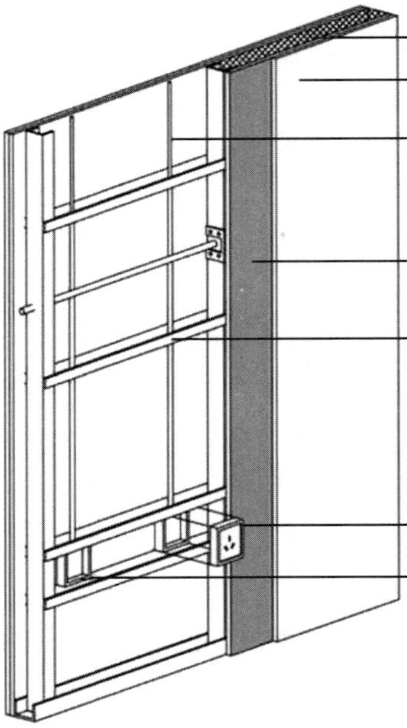

图 3-1-3　轻钢龙骨隔墙示意图

图 3-1-4　轻质条板隔墙示意图

(2)采用轻钢龙骨隔墙形式的,如图 3-1-5 所示,其龙骨间距一般为 300 mm、400 mm、600 mm,一般不超过 600 mm。门窗等位置的设计,不得改变内隔墙竖龙骨定位尺寸,应设附加龙骨进行调整。

(3)龙骨隔墙的构造形式应确保墙体结构安全。

(4)当选用轻钢龙骨隔墙时,不同高度、厚度隔墙应结合龙骨间距、壁厚、变形量等因素选用龙骨型号。根据国家建筑标准设计图集 J111～114、13J502-1 的要求,当隔墙高度超过 3 m 时,应每隔 1.2 m 设置通贯龙骨,横龙骨应做加强处理。采用钢架形式的隔墙,构件之间宜采用螺栓连接方式。

(5)门窗洞口、墙体转角连接处等部位的龙骨应进行加强处理。

图 3-1-5　轻钢龙骨隔墙

2. 轻质条板隔墙设计

轻质条板隔墙(图 3-1-6)设计应符合下列规定:

(1)应根据具体的使用部位和使用功能需求选用墙体材料、确定墙体厚度,并应符合国家现行标准《建筑轻质条板隔墙技术规程》(JGJ/T 157)的有关规定。

图 3-1-6　轻质条板隔墙

(2)60 mm 及以下厚度的条板不得用于单层条板隔墙;当单层条板隔墙作为分户墙时,厚度不应小于 120 mm,当作为户内分室隔墙时,厚度不宜小于 90 mm。

(3)双层条板隔墙每个单层厚度不宜小于 60 mm,双层条板隔墙竖向接缝应错开布置,且墙板间应采取连接及加强固定措施。

(4)当条板隔墙需吊挂重物和设备时,不得单点固定,并应采取加固措施,固定点间距应大于 300 mm;用于固定和加固的预埋件和锚固件,均应做防腐及防锈处理。

二、任务实施

1. 条板隔墙安装

(1)应按排板图在地面及顶棚板面上放线,条板应从主体墙、柱的一端向另一端按顺序安装,当有门洞口时,宜从门洞口向两侧安装。

(2)应先安装定位板,可在条板的企口处、板的顶面均匀满刮黏结材料,空心条板的上端宜局部封孔,上下对准定位线立板;条板下端距地面的预留安装间隙宜保持在 30～60 mm,并可根据需要调整。

(3)可在条板下部打入木楔,并应楔紧,且木楔的位置应选择在条板的实心肋处。

(4)应利用木楔调整位置,两个木楔为一组,使条板就位,可将板垂直向上挤压,顶紧梁、板底部,调整好板的垂直度后再固定。

(5)应按顺序安装条板,将板榫槽对准榫头拼接,条板与条板之间应紧密连接;应调整好垂直度和相邻板面的平整度，并应待条板的垂直度、平整度检验合格后，再安装下一块条板。

(6)应按排板图在条板与顶板、结构梁，主体墙、柱的连接处设置定位钢卡、抗震钢卡。

(7)板与板之间的对接缝隙内应填满、灌实黏结材料，板缝间隙应揉挤严密，被挤出的黏结材料应刮平、勾实。

(8)条板隔墙下端与楼地面结合处宜预留安装空隙，且预留空隙在 40 mm 及以下的宜填入 1∶3 水泥砂浆，40 mm 以上的宜填入干硬性细石混凝土，撤除木楔后的遗留空隙应采用相同强度等级的砂浆或细石混凝土填塞、捣实。

(9)木楔可在立板养护 3 天后取出，并应填实楔孔。

(10)当抗震设防地区的条板隔墙安装长度超过 6 m 时，应设置构造柱，并应采取加固措施。

2. 门、窗框板安装

(1)门、窗框板安装时，应按排板图标出的门、窗洞口位置，先对门、窗框板定位，再从门、窗洞口向两侧安装隔墙。门、窗框板安装应牢固，与条板或主体结构连接应采用专用黏结材料粘接，并应采取加网防裂措施，连接部位应密实、无裂缝。

(2)当预制门、窗框板中预埋有木砖或钢连接件时，可与木制、钢制或塑钢门、窗框连接固定；当门、窗框板在施工现场切割制作时，应使用金属膨胀螺钉与门、窗框板现场固定。门、窗框板的连接固定应符合下列要求：

①确定条板隔墙上预留门、窗洞口位置时，应选用与隔墙厚度相适应的门、窗框。当采用空心条板做门、窗框板时，距板边 120～150 mm 内不得有空心孔洞，可将空心条板的第一孔用细石混凝土灌实。

②工厂预制的门、窗框板靠门、窗框一侧应设置固定门、窗的预埋件。施工现场切割制作的门、窗框板可采用胀管螺丝或其他加固件与门、窗框板固定，并应根据门、窗洞口大小确定固定位置和数量，且每侧的固定点不应少于 3 处。

③当门、窗框板上部墙体高度大于 600 mm 或门、窗洞口宽度超过 1.5 m 时，应采用配有钢筋的过梁板或采取其他加固措施，过梁板两端搭接处不应小于 100 mm。门框板、窗框板与门窗框的接缝处应采取密封、隔声、防裂等措施。

④复合夹芯条板隔墙的门、窗框板洞口周边应有封边条，可采用镀锌轻钢龙骨封闭端口夹芯材料，并应采取加网补强防裂措施。

(3)当门、窗框板有特殊要求时，可采用钢板加固等措施，并应与门、窗框板的预埋件连接牢固。

(4)安装门头横板时，应在门角的接缝处采取加网防裂措施。门、窗框板与洞口周边的连接缝应采用聚合物砂浆或弹性密封材料填实，并应采取加网补强等防裂措施。

(5)门、窗框板的安装应在条板隔墙安装完成 7 天后进行。

3. 设备、管线安装

(1)水电管线的安装、敷设应与条板隔墙安装配合进行，并应在条板隔墙安装完成 7 天后进行。

(2)安装水电管线时，应根据施工技术文件的相关要求，先在隔墙上弹线定位，再按弹出的定位线位置切割横向、纵向线槽和开关盒洞口，并应使用专用切割工具按设计规定的尺寸单面开槽切割，不应在条板隔墙上任意开槽、开洞。开槽、开洞应符合下列要求：

①当在条板隔墙上横向开槽、开洞敷设电气暗线、暗管、开关盒时，隔墙的厚度不宜小于90 mm，开槽长度不应大于条板宽度的1/2，不得在隔墙两侧同一部位开槽、开洞，其间距应至少错开150 mm。板面开槽、开洞应在隔墙安装7天后进行。

②单层条板隔墙内不宜设置暗埋的配电箱、控制柜，可采取明装的方式或局部设置双层条板的方式。配电箱、控制柜不得穿透隔墙。配电箱、控制柜宜选用薄型箱体。

③单层条板隔墙内不宜横向暗埋水管，当需要敷设水管时，宜局部设置附墙或采用双层条板隔墙，也可采用明装的方式。当需在单层条板内局部暗埋水管时，隔墙厚度不应小于120 mm，且开槽长度不应大于条板宽度的1/2，并应采取防渗漏和防裂措施。当低温环境下水管可能产生冰冻或结露时，应进行防冻或防结露设计。

(3)切割完线槽、开关盒洞口后，应按设计要求敷设管线、插座、开关盒，并应先做好定位，可用螺钉、卡件将管线、开关盒固定在条板的实心部位上。开关盒、插座四周应采用黏结材料填实、粘牢，并宜采用与条板相应的材料补强修复。开关盒、插座的表面应与隔墙面齐平。空心条板隔墙纵向布线时，可沿条板的孔洞穿行。

(4)管线、开关盒敷设后，应及时回填、补强。水泥条板隔墙上开的槽孔宜采用聚合物水泥砂浆或专用填充材料填充密实；开槽的墙面可采用粘贴耐碱玻璃纤维网格布、无纺布或采取局部挂钢丝网等补强、防裂措施。空心条板隔墙可在局部堵塞横槽下部孔洞后，再做补强、修复。石膏条板宜采用同类材料补强。

(5)明装水管的安装应按工程设计要求进行。

(6)设备控制柜、配电箱的安装应按工程设计要求进行。

4. 接缝及墙面处理

(1)条板的接缝处理应在门窗框、管线安装完毕7天后进行。接缝处理前，应检查所有的板缝，清理接缝部位，补满破损孔隙，清洁墙面。

(2)条板隔墙接缝处应采用黏结砂浆填实，表层应采用与隔墙条板相适应的材料抹面并刮平压光，颜色应与板面相近。条板的企口接缝处应先用黏结材料打底，再用粘贴盖缝材料。

(3)对于有防潮、防渗漏要求的条板隔墙，投入使用前应采用防水胶结料嵌缝，并应按设计要求进行墙面防水处理。

(4)刮腻子之前，先用宽度200 mm耐碱玻纤网格布压入两层腻子之间，提高板缝的抗裂性。

5. 板材隔墙的连接

(1)条板隔墙与顶板、结构梁的接缝处，钢卡间距不应大于600 mm；

(2)条板隔墙与主体墙、柱的接缝处，钢卡可间断布置，间距不应大于1 m；

(3)接板安装的条板隔墙，条板上端与顶板、结构梁的接缝处应加设钢卡进行固定，且每块条板不应少于2个固定点。

6. 注意事项

(1)装配式隔墙施工中，各工种间应保证安装项目不受损坏，墙内管线及附墙设备不得碰动、错位及损伤。

(2)隔墙板黏结12 h内不得碰撞敲打，不得进行下道工序施工。隔墙板门窗框塞灰和抹黏结砂浆后，不得振动墙体，待达到设计强度后方可进行下一道工序。

(3)钢丝网水泥板安装完成后(抹灰之前)不得攀靠，面板抹灰完成后3天内不可承受任何撞击力；活动隔墙板黏结后 10 天内不得碰撞敲打，不得进行下道工序施工；玻璃隔墙完成后，在两侧各 100～200 mm 处搭设木架，并设置标识，防止磕碰。

(4)安装埋件时，宜用电钻钻孔，用扁铲扩方孔，不得对隔墙用力敲击。对刮完腻子的隔墙，不应进行任何剔凿。

(5)在混凝土结构上安装膨胀螺栓等不得破坏结构内的受力钢筋。

(6)施工后的隔墙板上不得吊挂重物。

(7)已安装好的墙体应采取措施防止墙面损坏和污染。

(8)活动隔墙的滑行轨道应采取措施防止进入杂物。

三、实施成果

(1)装配式隔墙与墙面系统安装前应检查结构预留管线接口位置的准确性，且应按设计文件做好定位控制线、标高线、细部节点线等，放线应清晰、位置准确。

(2)装配式隔墙施工安装应符合下列规定：

①墙板接缝及墙面上不同材料交接处应做收边、收口处理；

②当局部固定较重设备和饰物时，应按设计要求采取加固措施，并对特殊加强部位做功能性标识。

(3)龙骨隔墙的施工安装应符合下列规定：

①天、地龙骨及边框龙骨的安装应与原始结构体连接牢固，并保证安装垂直、平整、位置准确。

②基层板应沿竖向铺设，长边接缝处应安装在竖向龙骨上；当采用双层板时，内、外层板应错缝安装。

③当空气湿度较高或出现返潮现象时，螺钉连接固定部位做防锈蚀处理，避免出现连接松动或脱落情况。

④当相邻墙体相接时宜采用螺钉或卡件连接。

⑤在装配式隔墙空腔层内填充材料时，主要应考虑填充材料的防火、保温、隔声等性能指标，填充材料后不应降低装配式隔墙的相应性能。

⑥采用的轻钢龙骨应符合《建筑用轻钢龙骨》(GB/T 11981)的有关规定。

(4)轻质条板隔墙施工安装应符合下列规定：

①安装时应定位准确，并按照设计要求进行连接、固定，对接部位应做加固、防裂处理。

②当采用双层条板隔墙安装时，应先安装好一侧条板，确认墙体外表面平整、墙面板与板之间接缝处粘接处理完毕后，再按设计要求安装另一侧条板；双层条板隔墙两侧条板的接缝错开距离不应小于 200 mm。

③应减少在施工现场对条板隔墙进行开槽、打孔。

【相关知识】

❖ 隔墙板材的入场检验 ❖

(1)隔墙板材的品种、规格、性能、颜色应符合设计要求。有隔声、隔热、阻燃、防潮等特殊要求的工程，板材应有相应性能等级的检测报告。

(2)安装隔墙板材所需预埋件、连接件的位置、数量及连接方式应符合设计要求。

(3)隔墙板材安装必须牢固。现制钢丝网水泥隔墙与周边墙体的连接方法应符合设计要求,并应连接牢固。

(4)隔墙板材所用接缝材料的品种及接缝方法应符合设计要求。

(5)隔墙板材安装应位置正确,板材不应有裂缝或缺损。

(6)板材隔墙表面应光洁、平顺、色泽一致,接缝应均匀、顺直。

(7)隔墙上的孔洞、槽、盒应位置正确、套割方正、边缘整齐。

【问题与讨论】

1. 龙骨隔墙、轻质条板隔墙设计应符合哪些规定?
2. 简述装配式隔墙施工流程。
3. 装配式隔墙施工安装应符合哪些规定?
4. 轻质条板隔墙施工安装应符合哪些规定?

任务三　装配式吊顶施工安装

一、知识目标

1. 了解装配式吊顶的特点及功能要求;
2. 掌握装配式吊顶工程安装施工要点;
3. 学会装配式吊顶工程安装的注意事项。

二、能力目标

学生能够编制装配式吊顶安装的施工方案、技术交底、安全交底等文件。

三、素质目标

1. 通过任务引领的项目化教学,培养学生综合分析问题的能力及严谨细致的工作态度;
2. 通过拓展知识训练,培养学生自主学习意识和自学能力;
3. 开展小组教学,培养学生的团结、合作精神。

【案例描述】

哈尔滨市某大型框架单体。采用装配式整体框架结构,裙房处为现浇混凝土框架结构,塔楼及主体采用预制框架柱、预制叠合梁、预制叠合板。室内装修采用全套整体浴室、集成式厨房、集成墙面等内装工业化部品。

该项目技术员张工需要结合施工及验收规范的要求完成装配式吊顶的施工安装任务。

【案例背景】

(1)装配式吊顶系统可采用明龙骨、暗龙骨或无龙骨吊顶,软膜天花或其他干式工法施工的吊顶。

(2)装配式吊顶应选用标准化、模块化的部品部件,当户内采用轻钢龙骨加覆面板的结构形式时,应尽量减少在施工现场的涂饰工作。

(3)吊顶系统宜与新风、排风、给水、喷淋、烟感、灯具等设备和管线进行集成设计。吊顶系统内敷设设备管线时,应在管线密集和接口集中的位置设置检修口。

(4)吊顶系统与设备管线应各自设置吊件,并应满足荷载计算要求。

(5)龙骨的排列应与通风口、灯具、消防烟感、喷淋、检修口、紧急广播喇叭等的位置不发生矛盾,不应切断主龙骨。当必须切断主龙骨时,应有加强和补救措施。

(6)用于厨房、卫生间区域的装配式吊顶应选用防水、防潮、易清洁材料。

(7)当公共区域装配式吊顶距结构楼板净空超过 2.5 m 时,应设计钢结构转换层,转换层宜进行模块化设计,钢架模块间宜采用螺栓连接方式。

(8)重型灯具、设备、管线等应设计单独支吊架,不得与装配式吊顶系统共用。重型灯具设备必须经过结构专业计算复核,与结构承重构件做可靠连接,并应提供节点连接图。

(9)吊顶系统与墙或梁交接处,应设伸缩缝隙或收口线脚。

【项目实施】

一、任务下达

装配式吊顶是指顶棚饰面与楼板之间留有悬挂高度做法的顶棚。吊顶可以利用这段悬挂高度布置电气、通风、空调、通信防火、报警设备等管线及其装置,或对建筑物起到保温隔热、隔声吸声等作用。

装配式吊顶主要由主龙骨、次龙骨、面层三部分组成,主龙骨为吊顶的承重结构,次龙骨是吊顶的基层。如图 3-1-7 所示,主龙骨通过吊筋固定在楼板结构上,次龙骨固定在主龙骨上,面层固定在次龙骨上。吊顶面层分为整体面层和板块面层两类。

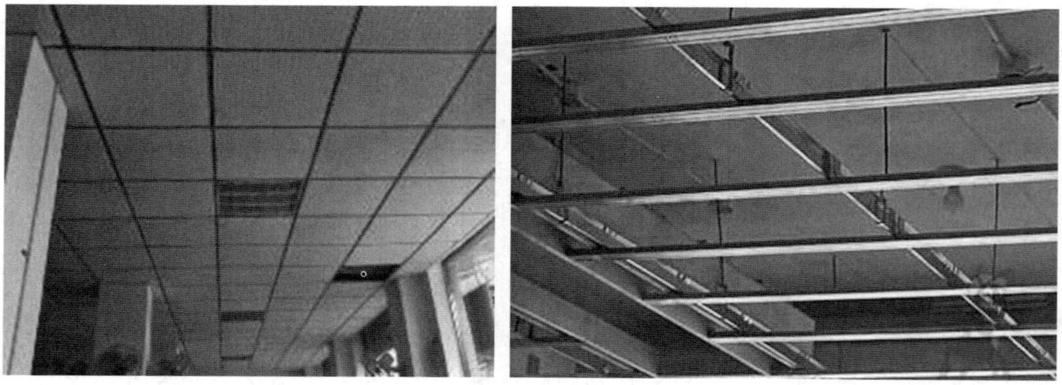

图 3-1-7　装配式吊顶示意图

吊顶的架空空腔内可敷设管线、安装灯具等,以方便维护和更换相应的管线和设备。可根据需求设置全屋吊顶或局部吊顶。

吊顶的平面尺寸应与功能空间的模数网格相协调;高度尺寸应在满足设备与管线正常安装和使用的同时,保证功能空间的室内净高最大化。吊顶可集成的有电气管线、给水排水管、排烟管、新风空调管线等。

按照龙骨材料的不同分类，常用的两种吊顶为轻钢龙骨吊顶与木龙骨吊顶，如图 3-1-8 所示。

钢龙骨防火、防潮、防霉，强度高不易变形，大面积平顶时施工速度快。缺点是无法做出较复杂的造型。木龙骨骨架易受潮变形，导致面板开裂，另外不防火防蛀，但是易切割，好加工，适于比较复杂的造型或者小面积吊顶。

(a)木龙骨骨架

(b)钢龙骨骨架

图 3-1-8　装配式吊顶骨架

二、任务实施

1. 吊顶施工要求

(1)吊顶高度定位时应以室内标高基准线为准。按设计要求，在房间四周围护结构上标出吊顶标高线，确定吊顶高度位置。龙骨基准线高低误差不应大于 2 mm。弹线应清晰，位置应准确。

(2)边龙骨应安装在房间四周围护结构上，下边缘应与标准线平齐，选用膨胀螺栓等固定，间距不宜大于 500 mm，端头不宜大于 50 mm。

(3)吊顶工程应按设计要求，在室内顶部结构下确定主龙骨吊点间距及位置。主龙骨端头吊点距主龙骨边端不应大于 300 mm，端排吊点距侧墙间距不应大于 200 mm。吊点横纵应在直线上，当不能避开灯具、设备管道时，应调整吊点位置或增加吊点或采用钢结构转换层。

2. 吊杆及吊件安装

(1)吊杆长度应根据吊顶设计高度确定。根据不同的吊顶系统构造类型，确定吊装形式，选择吊杆类型。吊杆应通直并满足承载力要求。

(2)吊杆与室内顶部结构的连接应牢固、安全。吊杆应与结构中的预埋件焊接或与后置紧固件连接。

(3)吊顶工程应根据主龙骨规格型号选择配套吊件。如图 3-1-9 所示，吊件与吊杆应安装牢固，并按吊顶高度调整位置，吊件

图 3-1-9　吊杆安装

应相邻对向安装。

3. 龙骨及挂件、接长件安装

(1)主龙骨与吊件应连接紧固。主龙骨加长时,应采用接长件接长。主龙骨安装完毕后,应调节吊件高度,调平主龙骨。龙骨连接示意图如图 3-1-10 所示。

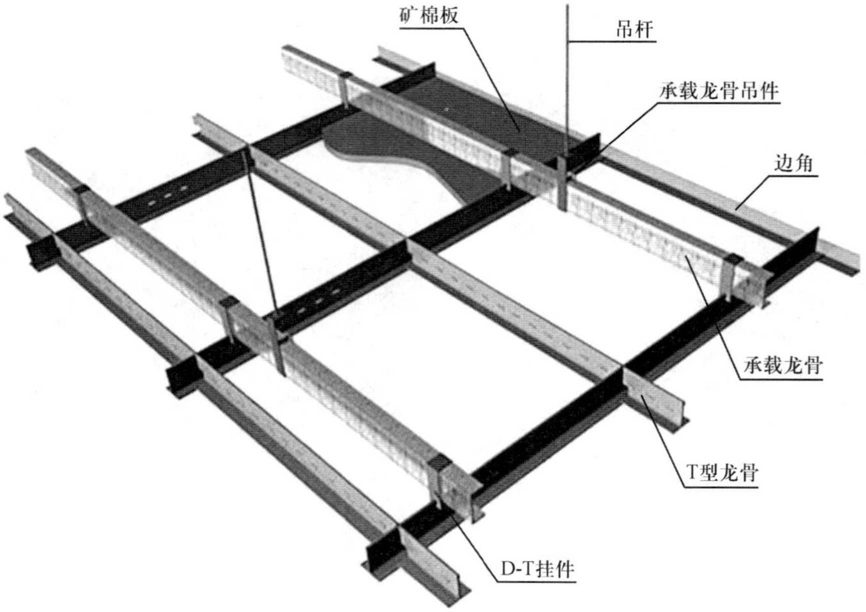

图 3-1-10　龙骨连接示意图

(2)主龙骨中间部分应按设计要求起拱。当设计无要求,且房间面积不大于 50 m^2 时,起拱高度应为房间短向跨度的 1‰～3‰;房间面积大于 50 m^2 时,起拱高度应为房间短向跨度的 3‰～5‰。

(3)面积大于 300 m^2 以上的吊顶工程,宜每隔 12 m 在主龙骨上部垂直方向增加一道横卧主龙骨连接固定。采用焊接方式固定时,焊接点处应做防腐处理。

(4)次龙骨应紧贴主龙骨,垂直方向安装。当采用专用挂件连接时,每个连接点的挂件应双向互扣成对或相邻的挂件采用相向安装。次龙骨加长时,应采用连接件接长。次龙骨垂直相接应和挂插件连接。次龙骨的安装方向应与石膏板长向相垂直。

(5)次龙骨间距应准确、均衡,按石膏板模数确定,应保证石膏板两端固定于次龙骨上。石膏板长边接缝处应增加横撑龙骨,横撑龙骨应用挂插件与通长次龙骨固定。次龙骨间距宜为 400 mm;横撑龙骨间距宜为 600 mm。

(6)次龙骨、横撑龙骨安装完毕后应保证底面与次龙骨下皮标准线齐平。

(7)石膏板上开洞口的四边,应有次龙骨或横撑龙骨作为附加龙骨。

(8)全面校正吊杆和龙骨的间距、位置、垂直度及水平度,符合设计要求后应将所有吊挂件、连接件拧紧夹牢。龙骨安装完成图如图 3-1-11 所示。

4. 面板安装

(1)面板安装前,应进行吊顶内隐蔽工程验收,并应在所有项目验收合格且建筑外围护封闭完成后方可进行面板安装施工。

图 3-1-11　龙骨安装完成图

(2)面板类型的选择应按设计要求进行。面板安装时,正面朝外,面板长边与次龙骨垂直方向铺设。穿孔石膏板背面应有背覆材料,需要施工现场贴覆时,应在穿孔板背面施胶,不得在背覆材料上施胶。

(3)面板的安装固定应先从板的中间开始,然后向板的两端和周边延伸,不应多点同时施工。相邻的板材应错缝安装。穿孔石膏板的固定应从房间的中心开始,固定穿孔板时应先从板的一角开始,向板的两端和周边延伸,不应多点同时施工。穿孔板的孔洞应对齐,无规则孔洞除外。

(4)面板应在自由状态下用自攻枪及高强自攻螺钉与次龙骨、横撑龙骨固定。

(5)自攻螺钉间距和自攻螺钉与板边距离应符合下列要求:纸面石膏板四周自攻螺钉间距不应大于 200 mm;板中沿次龙骨或横撑龙骨方向自攻螺钉间距不应大于 300 mm;螺钉距板面纸包封的板边宜为 10～15 mm;螺钉距板面切割的板边应为 15～20 mm。穿孔石膏板、石膏板、硅酸钙板、水泥纤维板、自攻螺钉钉距和自攻螺钉到板边距离应符合设计要求。

(6)自攻螺钉应一次性钉入轻钢龙骨并应与板面垂直,螺钉帽宜沉入板面 0.5～1.0 mm,但不应使纸面石膏板的纸面破损暴露石膏。弯曲、变形的螺钉应剔除,并在相隔 50 mm 的部位另行安装自攻螺钉。固定穿孔石膏板的自攻螺钉不得打在穿孔的孔洞上。

(7)面板的安装不应采用电钻等工具先打孔后安装螺钉的施工方法。当选用穿孔纸面石膏板作为面板,可先打孔作为定位,但打孔直径不应大于安装螺钉直径的 1/2。

(8)当设计要求吊顶内添加岩棉或玻璃棉时,应边固定面板边添加。按照要求码放,与板贴实,不应架空,材料之间的接口应严密。吸声材料应保证干燥。

吊顶面板安装如图 3-1-12 所示。

三、实施成果

(1)吊顶系统安装前应完成吊顶内设备与管线的验收工作。

(2)装配式吊顶工程施工安装应符合下列规定:

①装配式吊顶龙骨、吊杆、挂件、支撑件应连接牢固、拆装便捷,利于现场调平。

图 3-1-12 吊顶面板安装

②挂重物部位应按设计要求采取独立支吊架,并采取加强措施。

③装配式吊顶饰面应与基层连接牢固,交接处应严密、平整,不应有高低差及缝隙。

④当吊件与设备位置冲突时,应调整吊点位置、构造或增设吊杆;当安装免吊杆吊顶时,吊顶板应与边龙骨搭接牢固。

⑤当装配式吊顶安装时,灯具、烟感器、喷淋头、风口等相关部品部件应按设计要求协同安装,位置及开孔尺寸应准确,交接处应严密。

(3)装配式吊顶安装应符合国家现行标准《建筑用集成吊顶》(JG/T 413)、《住宅装饰装修工程施工规范》(GB 50327)的有关规定。

【相关知识】

装配式吊顶安装施工注意事项

(1)骨架材料及罩面板,在进场、存放、安装过程中,应严格管理,使其不损坏、不受潮、不变形、不污染。

(2)塑料罩面板、金属罩面板、矿棉板等安装时,操作人员需戴手套,以免弄脏板面。

(3)吊顶面板安装后,吊顶内部禁止上人。

(4)其他专业的吊挂件不得吊于已安装好的轻钢骨架上。

(5)轻钢龙骨及罩面板安装时,应保护安装好的各种管线、设备;轻钢骨架的吊杆、龙骨不准固定在通风管道及其他设备上。

(6)吊顶施工过程中应对施工完的地面、墙面、门窗等进行保护、防止污损。

(7)安装膨胀螺栓时,不得破坏结构的受力钢筋。

【问题与讨论】

1. 简述装配式吊顶的概念。
2. 简述装配式吊顶施工流程。
3. 装配式吊顶施工安装应符合哪些规定?

任务四　装配式楼地面施工安装

一、知识目标

1. 了解装配式楼地面的组成；
2. 掌握装配式楼地面的施工工艺流程；
3. 学会装配式楼地面的施工的注意事项。

二、能力目标

学生能够编制装配式楼地面的施工方案、技术交底、安全交底等文件。

三、素质目标

1. 通过任务引领的项目化教学，培养学生综合分析问题的能力及严谨细致的工作态度；
2. 通过拓展知识训练，培养学生自主学习意识和自学能力；
3. 开展小组教学，培养学生的团结、合作精神。

【案例描述】

深圳医学科学院办公场所项目为中建科技 EPC 总承包服务设计施工一体化项目，位于深圳市坪山区创新广场，地理位置优越且拥有视野极佳的临山景观。项目采用装配式技术体系，打造专属的办公室内装饰装修解决方案，仅用 45 天工期，顺利交付 2 000 m^2 的全新办公室，不仅确保了时尚简约、精致的设计理念，同时在功能上兼顾美观与实用，成功打造出开放、灵活、舒适、便利、安全的办公室体验。

该项目技术员张工需要结合施工及验收规范的要求完成装配式楼地面的施工安装任务。

【案例背景】

(1)装配式楼地面系统可采用架空楼地面、非架空干铺楼地面或其他干式工法施工的楼地面。

(2)装配式楼地面系统应满足房间使用的承载、防水、防滑、隔声等各项基本功能需求，放置重物的部位应采取加强措施。

(3)装配式楼地面系统宜与地面供暖、电气、给水排水、新风等系统的管线进行集成设计。

(4)装配式楼地面系统应与主体结构有可靠连接，且施工安装时不应破坏主体结构。

(5)装配式楼地面系统与地面辐射供暖、供冷系统结合设置时，宜选用模块式集成部品。

(6)架空楼地面内敷设管线时，架空层高度应满足管线排布的需求，并应设置检修口或采用便于拆装的构造。

(7)架空楼地面设计应符合下列规定：

①架空楼地面与墙体交界处应设置伸缩缝，并宜采取美化遮盖措施；

②宜在架空空间内分舱设置防水、防虫构造，并应采取防潮、防霉、易清扫、易维护的措施。

(8)非架空干铺楼地面的基层应平整，当采用地面辐射供暖、供冷系统复合脆性面材地面时，应保证绝热层的强度。

(9)非架空干铺楼地面的面层和填充构造层强度应满足设计要求，当填充层采用压缩变形的材料时，易产生局部受压凹陷，应采取加强措施。

【项目实施】

一、任务下达

装配式楼地面(图 3-1-13)应采用架铺、干铺、薄贴等干式工法。装配式楼地面应根据使用功能需求采用减振隔声措施，并符合现行国家标准《民用建筑隔声设计规范》(GB 50118)的有关规定。

架空高度的设计应充分考虑建筑结构形式、卫生间形式、走廊过道标高、管道敷设所需空间等因素，尽量减少架空高度，提高空间利用率。可敷设管线的架空地板示意图如图 3-1-14 所示。

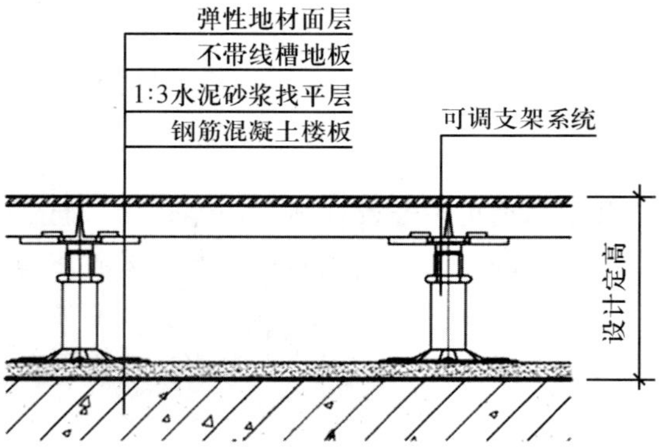

图 3-1-13　装配式楼地面示意图

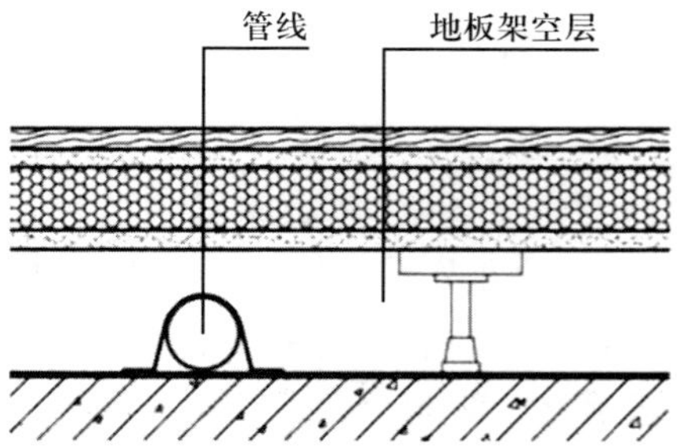

图 3-1-14　可敷设管线的架空地板示意图

干铺地面的铺装材料包括实木地板、复合木地板、锁扣地板等，干铺法对基层平整度要求较高。干铺地面基层的平整度偏差不宜大于 2 mm/2 m。薄贴地面基层的平整度偏差不宜大于 4 mm/2 m，黏结层的厚度不宜超过 5 mm。

二、任务实施

架空法地面采用 30～300 mm 的可调节支撑脚(材料为金属或树脂)进行架空设计，架空层直接安装管线，基层板具有良好承重能力，面层板接缝采用专用的弹性结构胶粘接。地面应设置地面检修口，方便管道检查和维修。

如果干法地面和地暖协同设计，无地暖地面最小面层高度约 60 mm，有地暖地面面层高度约 110 mm，可减少传统湿式作业的 50 mm 细石混凝土回填层，避免湿作业减少建筑垃圾，符合国家“四节一环保”的政策要求。

干法地面和地暖协同施工工艺如图 3-1-15 所示。

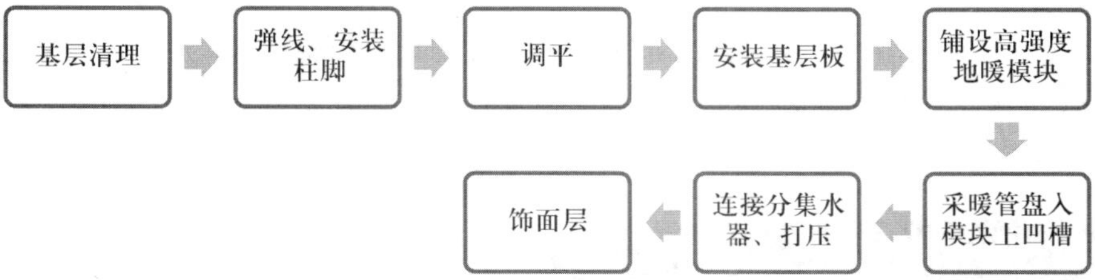

图 3-1-15　干法地面和地暖协同施工工艺

1. 基层清理

先将基层上的灰尘扫掉，并用清水冲净，做到无杂物、无灰尘，如图 3-1-16 所示。

图 3-1-16　基层清理

2. 弹线、安装柱脚

应在墙体上弹出最终完成面标高。如图 3-1-17 所示，根据排版图在地面弹出纵横方格线以确定底部支承布置点位。对中心线后用黏结剂(环氧树脂)抹在支承杆的底座上，并用锚固螺栓将地板支承柱脚牢固地安装在底层地板上。支承柱脚的间距按照活动地板的规格确定(一般为 600 mm×600 mm)。

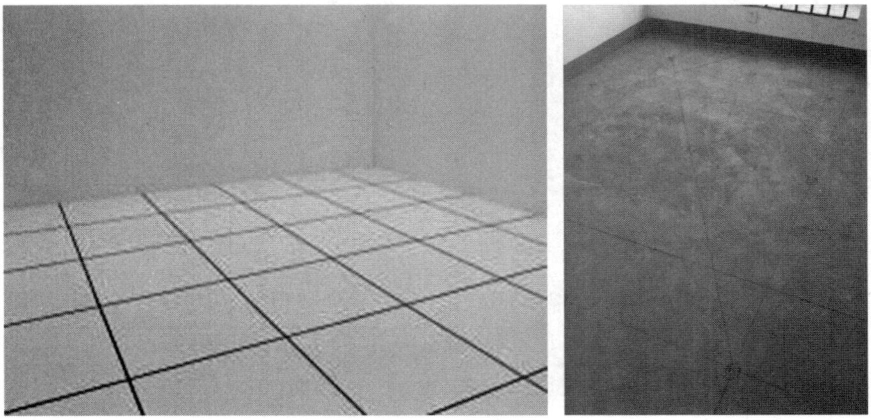

图 3-1-17　地面弹线

3. 调平

根据地面标高情况,如图 3-1-18 所示,调整支承柱脚的高度,通过旋转螺栓或螺母进行升高或降低,达到标高要求后,在螺纹(或铝柱)上加一个调平螺母和带有防振动移位的调平螺母。

图 3-1-18 柱脚调平

4. 安装基层板

安装基层板前管线等设备接点必须完成。在板面组装四周要画线,使其连接适配,板面与垂直面相接处的缝隙不大于 3 mm。用便携式抬高器具铺设面板,随后用真空吸尘器全面清理(包括所安面板、支座的背正面)。半块板的切割不要在正在施工的房间内。调整活动地板缝隙使之顺直。基层板的安装如图 3-1-19 所示。

5. 铺设高强度地暖模块

(1)模块铺设应平整,如图 3-1-20 所示,宜用专用胶黏剂满贴于基层。模块间相互结合应紧密,接缝应粘接平顺,宜采用铝箔胶带粘接。直接与土壤接触或有潮湿气体侵入的地面,应在模块铺设前铺设防潮层。

图 3-1-19 基层板的安装

图 3-1-20 高强度地暖模块

(2)模块铺设时,可直接将相同规格的标准模块拼接铺设在板基层。当标准模块的尺寸不能满足要求时,可用工具刀裁下所需尺寸的保温模块对齐铺设。相邻模块上的沟槽应互相对应,紧密依靠。

6. 采暖管盘入模块上凹槽

(1)加热管应按设计图纸标定的管间距和走向敷设,如图 3-1-21 所示,应保持平直并完全嵌入沟槽;加热管安装完毕或中断时,敞口处应随时封堵。

(2)加热管切割,应采用专用工具;切口应平整,断口面应垂直管轴线。

(3)加热管安装时应防止管道扭曲,弯曲管道时,圆弧的顶部应加以限制,不得出现硬折弯;塑料管的弯曲半径不宜小于8倍管外径,铝塑复合管的弯曲半径不宜小于6倍管外径,铜管的弯曲半径不宜小于5倍管外径。

(4)敷设在地面面层下的加热管不应有接头。

(5)在分水器、集水器附近及其他局部加热管排列比较密集的部位,当管间距小于100 mm时可采用特殊模块或在加热管外部设置柔性套管等措施。

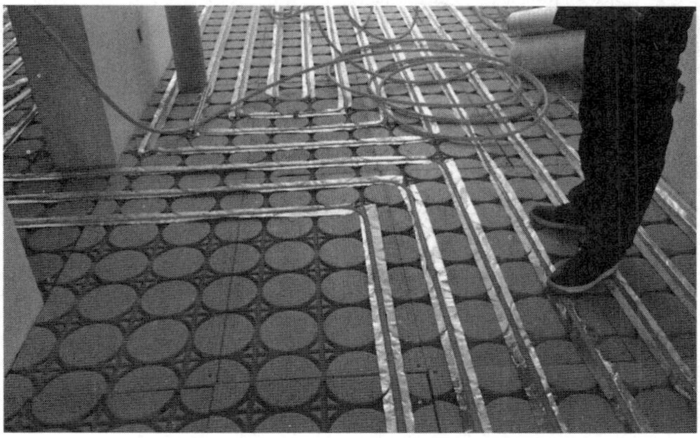

图 3-1-21　采暖管盘入模块

7. 连接分集水器、打压

与分集水器连接后如图3-1-22,应进行打压试验。

(1)完成地暖施工后,施工单位必须进行地暖打压试验,检验是否有漏水现象。

(2)水压试验压力应为工作压力的1.5倍,且不应小于0.6 MPa;在试验压力下,稳压1 h,其压力降不应大于0.05 MPa,且不渗不漏。

(3)地面供暖系统未经调试,严禁验收、运行使用。

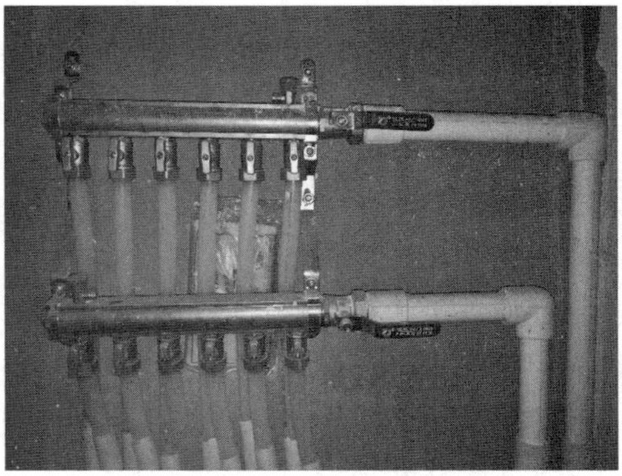

图 3-1-22　采暖管连接分集水器

8. 饰面层

(1)木地板装饰面层可直接铺设在预制沟槽保温模块上,木地板配带的(可发性聚乙烯 CEPE)垫层应铺设在保温模块之下,不得铺设在加热部件之上,如图3-1-23所示。

(2)饰面层也可以选用陶瓷薄片的薄贴法施工。铺贴前需对高强度XPS预制沟槽保温模块进行界面处理,以增强面砖与高强度XPS预制沟槽保温模块的黏结力。施工时先制备厚度为3～6 mm的胶黏剂,基层涂抹胶黏剂,然后将陶瓷薄片(厚度为5.5～6.0 mm)背涂(瓷砖背胶),接着铺贴陶瓷薄板,振实压平,防止空鼓。

(3)瓷砖饰面防止空鼓规避措施:

①铺贴过程中,用空鼓锤等工具敲击瓷砖表面;

图 3-1-23　瓷砖饰面层安装

②基层平整度要好，瓷砖胶要分布均匀、饱满、厚度适宜(瓷砖胶铺贴厚度控制在 3～6 mm 以内)，铺贴完毕后要用振平器振平。

三、实施成果

(1)装配式楼地面系统施工前应完成相关隐蔽工程验收，基层应进行清理，并应按设计图纸设置准确的地面控制线。

(2)装配式楼地面施工应符合下列规定：

①当楼地面基层采用混凝土一次性成型的施工工艺时，地面水平度和平整度偏差应满足设计与安装要求。

②装配式楼地面饰面板应保证平整、坚实，并与基层连接牢固、接缝严密。

③当采用架空地板系统施工时，架空地板的支撑件应与地面基层连接牢固；架空高度应符合设计要求；架空地板系统应按设计要求布置支撑件的间距，与墙体交接处应做好封边处理；架空地板系统与地面基层间宜做减震处理；采用地面辐射供暖系统复合脆性面材时，应采取防开裂措施。

④铺设饰面板前应根据门洞口位置进行排版预铺，并应注意地插接口或地漏的对应位置。

⑤饰面板铺贴前应根据现场情况设置铺设起点，宜从门洞口向内依次铺设。

(3)当采用地面辐射供暖系统时，应在辐射区与非辐射区、建筑物墙面与地面等交界处设置侧面或水平绝热层，防止热量渗出。

【相关知识】

∵ 装配式楼地面工程施工注意事项 ∵

(1)在铺贴板块操作过程中，对已安装好的门框、管道都要加以保护，如门框钉装保护铁皮，运灰车采用窄车等。

(2)切割地砖时，不得在刚铺贴好的砖面层上操作。

(3)刚铺贴砂浆抗压强度达 1.2 MPa 时，方可上人进行操作。

(4)油漆、砂浆不得存放在板块上，铁管等硬器不得碰坏砖面层。喷浆时要对面层进行覆盖保护。

【问题与讨论】

1. 简述装配式楼地面系统的概念。
2. 简述装配式架空地面施工流程。
3. 装配式楼地面施工安装应符合哪些规定？

任务五　集成式厨房安装

一、知识目标

1. 了解集成式厨房的组成；
2. 掌握集成式厨房的安装要点；
3. 学会集成式厨房安装的注意事项。

二、能力目标

学生能够编制集成式厨房的施工方案、技术交底、安全交底等文件。

三、素质目标

1. 通过任务引领的项目化教学，培养学生综合分析问题的能力及严谨细致的工作态度；
2. 通过拓展知识训练，培养学生自主学习意识和自学能力；
3. 开展小组教学，培养学生的团结、合作精神。

【案例描述】

东莞市某住宅项目，总面积约 14 万 m^2，装配式建筑实施面积约 8.7 万 m^2。该项目采用集成式厨房，具体做法为天花采用铝扣板，墙面、地面采用瓷砖铺贴。墙面在预制内墙板表面采用 JS-Ⅱ型水泥基防水涂料，采用瓷砖胶粘贴墙面瓷砖；地面采用高精地坪、瓷砖胶粘贴墙面瓷砖。厨房设置橱柜、燃气灶、吸油烟机、洗菜盆及龙头且安装到位，预留带开关电器插座、天花预留 LED 平板灯，采用木质房门并安装到位。

该项目技术员张工需要结合施工及验收规范的要求完成集成式厨房的施工安装任务。

【案例背景】

《装配式内装修技术标准》(JGJ/T 491—2021)中，集成式厨房是由工厂生产的楼地面、吊顶、墙面、橱柜和厨房设备及管线等集成并主要采用干式工法装配而成的厨房。

集成式厨房的标准化设计要求如下：

(1)建筑设计应协调结构、内装、设备等专业合理确定厨房的布局方案、设备管线敷设方式和路径、主体结构孔洞预留尺寸及管道井位置等。

(2)集成式厨房的设计应包含厨房楼地面、吊顶、墙面、橱柜和厨房设备及管线的设计，并应与内装修工程的其他系统进行协同设计。

(3)集成式厨房设计应遵循人体工程学的要求合理布局，集成式厨房的橱柜、操作台等部品集成度较高，应遵循模数化、模块化、通用化的设计原则，预留水电气点位，集成部品之间的连接应选用标准化的配件与接口，使部品与部品间组合灵活，更换方便，为厨房升级换代创造条件。

(4)集成式厨房设计时应充分考虑设备管线更新、维护的需求，并应在相应的部位设置检修口或检修门。

(5)集成式厨房墙面和吊顶应选用耐热和易清洁的材料，地面应选择防滑耐磨、低吸水率和易清洁的材料；吊顶、墙面、地面材料应为燃烧性能 A 级的材料。

(6)集成式厨房的吊柜、厨房电器等应与主体结构有可靠连接，当悬挂在轻质隔墙上时，应采取加强措施。

(7)集成式厨房管线应进行综合协同设计，竖向管线应集中设置，冷热水表、燃气表、净水设备等宜集中布置，且应便于查表和检修。

【项目实施】

一、任务下达

集成式厨房是装配式内装修的重要组成部分，其设计应按照标准化、系列化原则，并符合干式工法施工的要求，在制作和加工阶段实现装配化。

集成式厨房是以住宅部品集成化的思想与技术为原则来制定住宅厨房设计、生产与安装配套，使住宅部品从简单的分项组合上升到模块化集成，最终实现住宅厨房的商品化供应和专业化组装服务。集成式厨房示意图如图 3-1-24 所示。

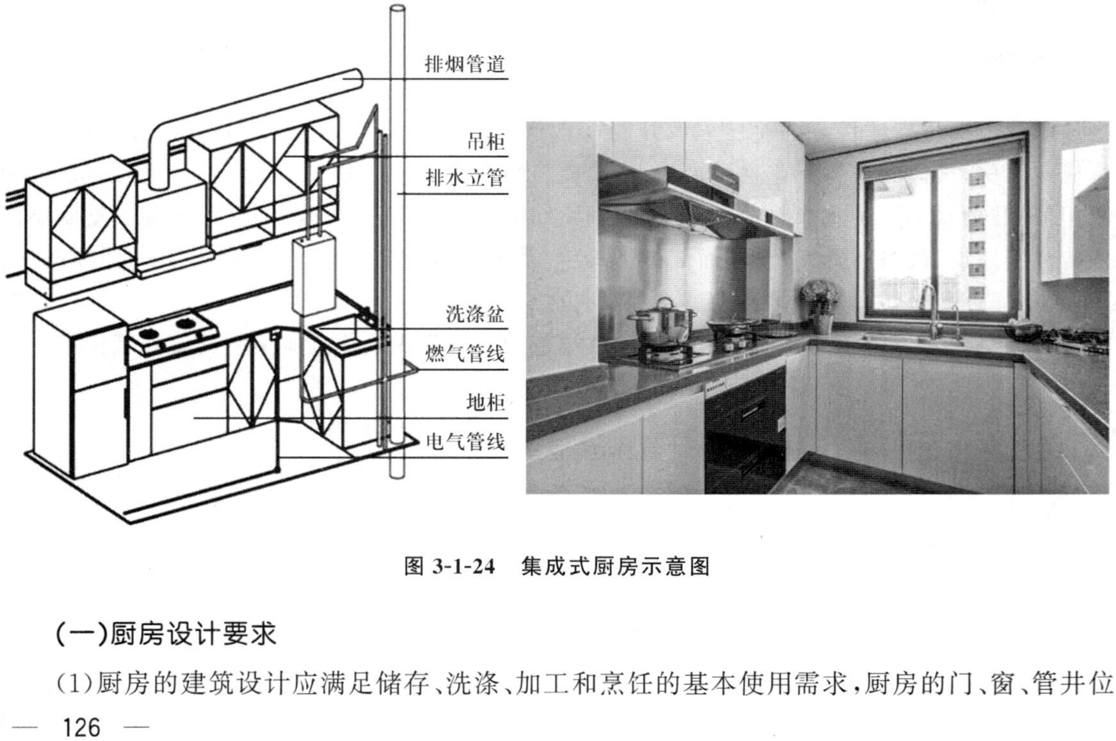

图 3-1-24　集成式厨房示意图

(一)厨房设计要求

(1)厨房的建筑设计应满足储存、洗涤、加工和烹饪的基本使用需求，厨房的门、窗、管井位置应合理，并应保证厨房的有效使用面积。

(2)厨房墙面应符合下列规定：

①厨房非承重围护隔墙宜选用工业化生产的成品隔板，现场组装；

②厨房成品隔断墙板的承载力应满足厨房设备固定的荷载需求；

③当安装吊柜和厨房电器的墙体为非承重墙体时，其吊装部位应采取加强措施，满足安全要求。

(3)厨房应选用耐热和易清洗的吊顶材料，并应符合现行行业标准《建筑用集成吊顶》(JG/T 413)的有关规定。

(4)当厨房吊顶内敷设管线时，应设检修口，如图 3-1-25 所示。

(5)厨房应采用防滑耐磨、低吸水率、耐污染和易清洁的地面材料。

(6)排油烟机烟道应选用不燃、耐高温、防腐、防潮、不透气、不易霉变的材料。

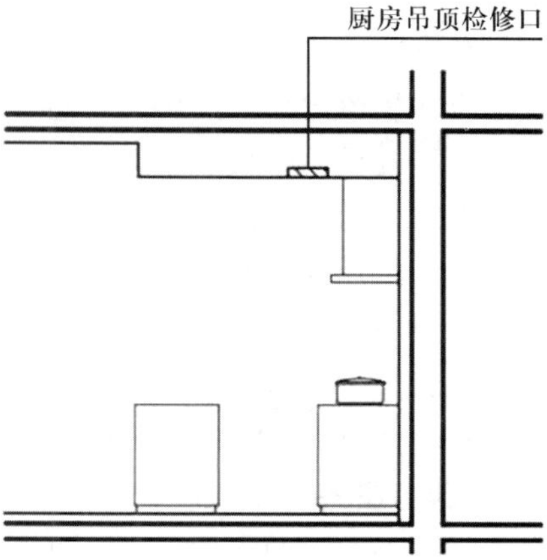

图 3-1-25　厨房吊顶检修口示意图

(二)厨房部品设计要求

(1)厨房部品所用的材料、外观、尺寸公差、形状和位置公差、燃烧性能、理化性能、力学性能等应符合现行行业标准《住宅集成式厨房》(JG/T 184)的有关规定。厨房部品宜成套供应。厨房功能分区示意图如图 3-1-26 所示。

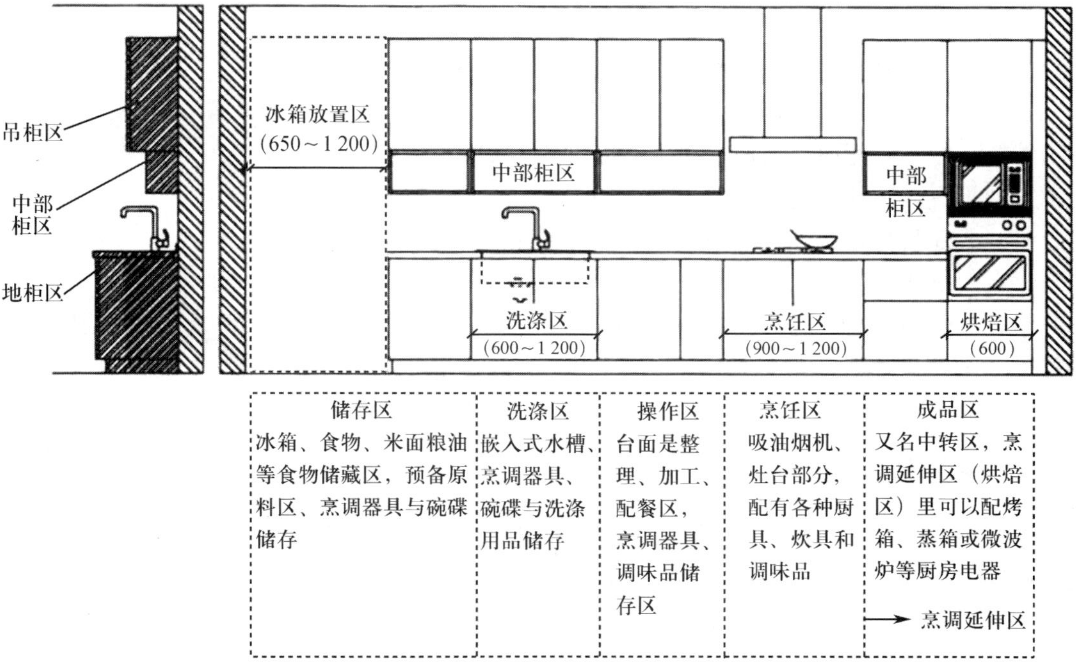

图 3-1-26　厨房功能分区示意图(单位:mm)

(2)家具设计应符合下列规定:

①家具宽度应符合模数协调要求。

②家具应符合现行国家标准《家用厨房设备　第2部分:通用技术要求》(GB/T 18884.2)的相关规定。

③在横向管线布置高度的家具背板应可拆卸或设置检修口。

④应在柜体的靠墙或转角位置预置调节板安装口。

⑤吊柜及排油烟机底面距地面高宜为1 400～1 600 mm。

⑥工作台面高度应为800～850 mm;工作台面与吊柜底面的距离宜为500～700 mm。

⑦灶具柜设计应考虑燃气管道及排油烟机排气口位置,灶具柜外缘与燃气主管道水平距离应不小于300 mm,左右外缘至墙面之间距离应不小于150 mm,灶具柜两侧宜有存放调料的空间及放置锅具等容器的台位。

(3)厨房家具尺寸应符合现行行业标准《住宅厨房模数协调标准》(JGJ/T 262)的有关规定。

(4)厨房设备的设置应符合下列规定:

①排油烟机平面尺寸应大于灶具平面尺寸100 mm以上。

②燃气热水器左右两侧应留有200 mm以上净空,正面应留有600 mm以上净空。

③燃气热水器与燃气灶具的水平净距不得小于300 mm;燃气热水器上部不应有明敷的电线、电气设备及易燃物,下部不应设置灶具等燃具。

④嵌入式厨房电器最大深度,地柜应小于500 mm,吊柜应小于300 mm。

⑤电器不应安装在热源附近;电磁灶下方不应安装其他电器。

⑥厨房设备应有漏电防护措施。

(5)厨房部品的设置间距和误差应符合下列规定:

①台面及前角拼缝误差应不大于0.5 mm。

②吊柜与地柜的相对应侧面直线度允许误差应不大于2.0 mm。

③在墙面平直条件下,后挡水板与墙面之间距离应不大于2.0 mm。

④橱柜左右两侧面与墙面之间距离应不大于10 mm。

⑤地柜台面距地面高度误差应在±10 mm内。

⑥嵌式灶具与排油烟机中心线偏移允许误差应在±20 mm内。

⑦台面拼接时的错位不得超过0.5 mm,接缝不应靠近洗涤槽和嵌式灶具。

⑧相邻吊柜、地柜和高柜之间应采用柜体连接件固定,柜与柜之间的层错位、面错位不得超过1.0 mm。

⑨洗涤槽外缘至墙面距离应不小于70 mm,洗涤槽外缘至给水主管距离不宜小于50 mm。

二、任务实施

(1)厨房部品进场时应有产品合格证书、使用说明书及相关性能的检测报告,并应按相应技术标准进行验收;进口产品应有出入境商品检验、检疫合格证明。

(2)厨房家具的安装应符合下列规定:

①检查橱柜的实际结构、布局与设计是否一致。应先预装柜体并对台面等进行测量和加工,并解决在预装中出现的问题。

②吊柜与墙体应连接牢固。

③地柜摆放好后应用水平尺校平，各地柜间及门板缝隙应均匀一致，确定无误后各个柜体之间应用连接件连接固定。门板应无变形，板面应平整，门板与柜体、门与门之间缝隙应均匀一致，且无上下前后错落。地柜安装示意图如图 3-1-27 所示。

（3）厨房设备的安装应符合设计和产品安装说明书的要求：

①燃气灶具和用气设备安装前应检验相关文件，不符合规定的产品不得安装使用；

②应根据燃气灶具的外形尺寸对台面进行开孔；

③燃气灶具的进气接头与燃气管道接口之间的接驳应严密，接驳部件应用卡箍紧固，不得有漏气现象，并应进行严密性检测；

④吸油烟机的中心应对准灶具中心，吸油烟机的吸孔宜正对炉眼。

燃气灶具与吸油烟机安装示意图如图 3-1-28 所示。

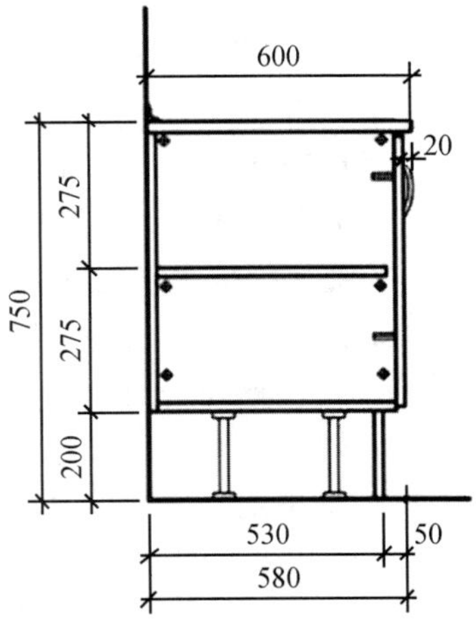

图 3-1-27　地柜安装示意图（单位：mm）

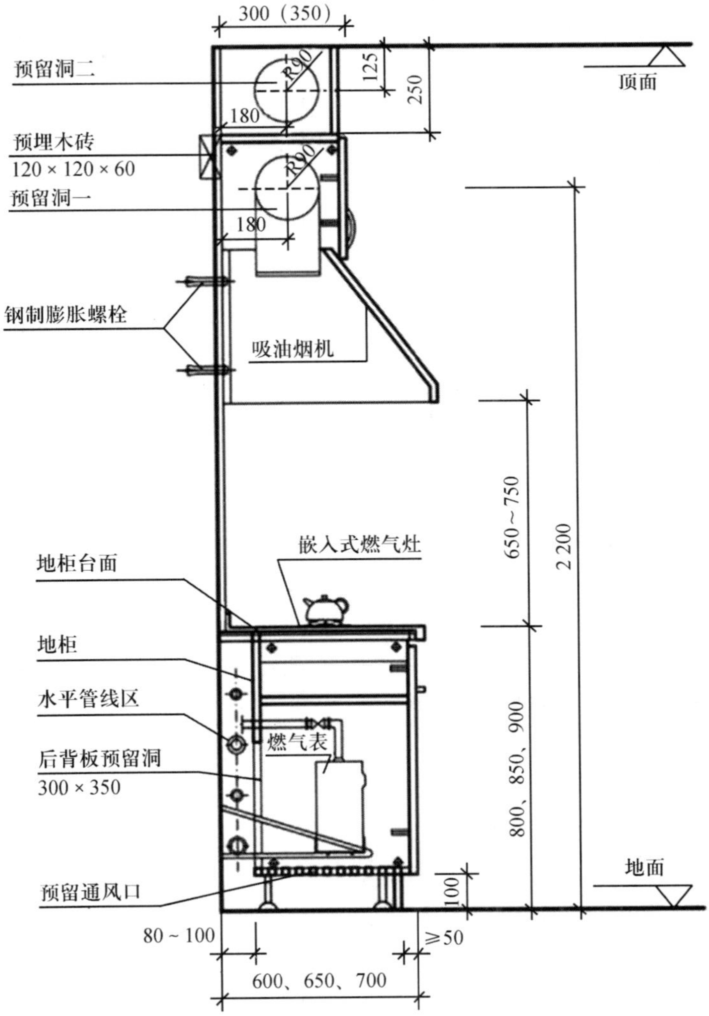

图 3-1-28　燃气灶具与吸油烟机安装示意图（单位：mm）

（4）厨房设施安装应符合现行国家标准《建筑给水排水及采暖工程施工质量验收规范》（GB 50242）的规定，且所有冷热给水、排水管，电源线，灯线接口点位及开孔尺寸应正确无误。

（5）洗涤槽的给水、排水接口与厨房给水管和排水管的接驳应符合下列规定：

①给水立管与支管连接处均应设一个活接口，各户进水应设有阀门；

②洗涤槽排水管的安装应符合下列规定：

a. 应将洗涤槽的下水接口及其附件安装好；

b. 洗涤槽与台面相接处应采用防水密封胶密封，不得渗漏水；

c. 应将洗涤槽的水龙头与给水接口连接好；

d. 与排水立管相连时应优先采用硬管连接，并应符合设计的坡度要求。

洗涤槽安装示意图如图 3-1-29 所示。

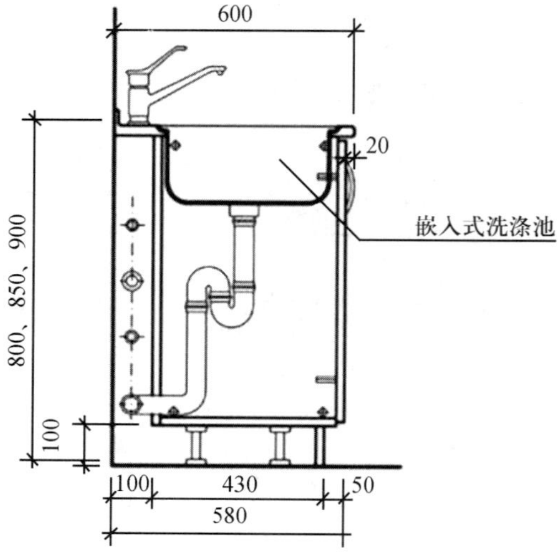

图 3-1-29　洗涤槽安装示意图(单位:mm)

（6）厨房部品、设施安装的密封性能应符合下列规定：

①排水管道各接头连接、洗涤槽及排水接口的连接应严密，不得有渗漏，软管连接部位应用卡箍紧固；

②燃气灶具和用气设备的进气接头与燃气管道接口之间（或钢瓶）的软管连接应严密，连接部位应用卡箍紧固，不得有漏气现象；

③给水管道、水嘴及接头不应渗水；

④后挡水与墙面连接处应用密封胶密封（不锈钢橱柜除外）；

⑤嵌式灶具与台面连接处应加密封材料；

⑥洗涤槽与台面连接处应使用密封胶密封（不锈钢橱柜整体台面洗涤槽除外）；

⑦排油烟机排气管与接口处应采取密封措施。

（7）厨房用金属材料和金属配件应根据使用需要，采取有效的表面防腐蚀处理措施；金属板的切口及开洞位置不应暴露在空气中，打钉位置宜采用密封胶处理。金属件在人体接触或储藏部位应进行砂光处理，不得有毛刺和锐棱。

（8）厨房用密封胶的黏结性、环保性、耐水性和耐久性除应满足设计要求外，尚应具有不污染材料及黏结界面的性能，且应满足防霉要求。

三、实施成果

（1）集成式厨房施工前应完成相关隐蔽工程验收，并应按设计要求准确放线。

（2）集成式厨房施工安装应符合下列规定：

①集成式厨房的墙板应与基层墙体连接牢靠，安装吊柜、燃气热水器等部品和设备的部位应进行加固处理；

②集成式厨房的墙面与地面、吊顶、台面之间的连接部位应做密封处理。

【相关知识】

∵ 装配式厨房安装的注意事项 ∵

(1)厨房家具的材料、加工制作、使用功能应符合设计要求和国家现行有关标准的规定,其材料应有防水、防腐、防霉处理。

(2)厨房家具安装预埋件或后置埋件的品种、规格、数量、位置、防锈处理及埋设方式应符合设计要求。厨房家具应安装牢固,安装方式应符合设计要求。

(3)户内燃气管道与燃气灶具应采用软管连接,长度应不大于 2 m,中间不应有接口,不应有弯折、拉伸、龟裂、老化等现象。

(4)燃气灶具的连接严密,安装应牢固。

(5)厨房设置的共用排气道应与相应的抽油烟机相关接口及功能匹配。

(6)柜体间、柜体与台面板、柜体与底座间的配合应紧密、平整,结合处应牢固。

(7)厨房家具与顶棚、墙体等处的交接、嵌合应严密,交接线应顺直、清晰、美观。

(8)厨房家具贴面应严密、平整、无脱胶、胶迹和鼓泡现象,裁割部位应进行封边处理。

(9)厨房家具内表面和外部可视表面应光洁平整,颜色均匀,无裂纹、毛刺、划痕和碰伤等缺陷。

(10)柜门安装应连接牢固,开关灵活,不应松动,且不应有阻滞现象。

(11)厨房设施外观应清洁、无污损。

(12)管线与厨房设施接口应匹配,并应满足厨房使用功能的要求。

【问题与讨论】

1. 简述集成式厨房的概念。
2. 简述厨房部品、设施安装的密封性能要求。
3. 集成式厨房施工安装应符合哪些规定?

任务六　集成式卫生间安装

一、知识目标

1. 了解集成式卫生间的组成;
2. 掌握集成式卫生间的安装要点;
3. 学会集成式卫生间安装的注意事项。

二、能力目标

学生能够编制集成式卫生间的施工方案、技术交底、安全交底等文件。

三、素质目标

1. 通过任务引领的项目化教学,培养学生综合分析问题的能力及严谨细致的工作态度;

2. 通过拓展知识训练，培养学生自主学习意识和自学能力；

3. 开展小组教学，培养学生的团结、合作精神。

【案例描述】

东莞市某住宅项目，总面积约 14 万 m^2，装配式建筑实施面积约 8.7 万 m^2。该项目采用集成式卫生间，具体做法为天花采用铝扣板，墙面、地面采用瓷砖铺贴。墙面在墙体表面采用 JS-Ⅱ型水泥基防水涂料，采用瓷砖胶粘贴墙面瓷砖；地面在基层做好防水后，水泥砂浆找坡并粘贴地面瓷砖。卫生间内设置浴室柜、镜柜，安装马桶及台盆，淋浴区设置龙头花洒，并设置淋浴隔断，龙头五金及地漏安装到位、墙面预留开关面板及插座、天花预留 LED 平板灯，采用木质门并安装到位。

该项目技术员张工需要结合施工及验收规范的要求完成集成式卫生间的施工安装任务。

【案例背景】

《装配式内装修技术标准》(JGJ/T 491—2021)中，集成式卫生间是由工厂生产的楼地面、吊顶、墙面(板)和洁具设备及管线等集成并主要采用干式工法装配而成的卫生间。集成式卫生间示意图如图 3-1-30 所示。

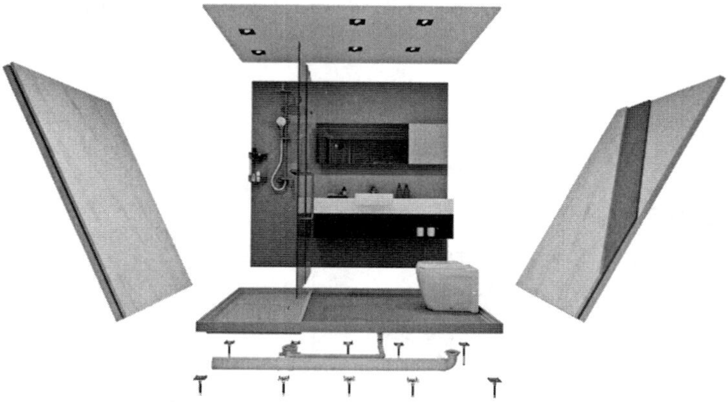

图 3-1-30　集成式卫生间示意图

集成式卫生间标准化设计要求如下：

(1)建筑设计应协调结构、内装、设备等专业共同确定集成式卫生间的布局方案、结构方案、设备管线敷设方式和路径、主体结构孔洞尺寸预留以及管道井位置等。

(2)集成式卫生间的设计应包括卫生间楼地面、吊顶、墙面和洁具设备及管线的设计，宜选择集成度高的集成式卫生间产品，并应与内装修工程的其他系统进行协同设计。

(3)当采用集成式卫生间时，集成式卫生间的选型宜在建筑方案设计阶段进行。

(4)集成式卫生间宜采用同层排水方式；当采取结构局部降板方式实现同层排水时，应结合排水方案及检修要求等因素确定降板区域；降板高度应根据防水底盘厚度、卫生器具布置方案、管道尺寸及敷设路径等因素确定。架空层同层排水示意图如图 3-1-31 所示。

(5)集成式卫生间的设备管线应进行综合设计，给水、热水、电气管线宜敷设在吊顶内；设计时应充分考虑更新、维护的需求，并应在相应的部位设置检修口或检修门。

(6)集成式卫生间的接口设计应符合下列规定：

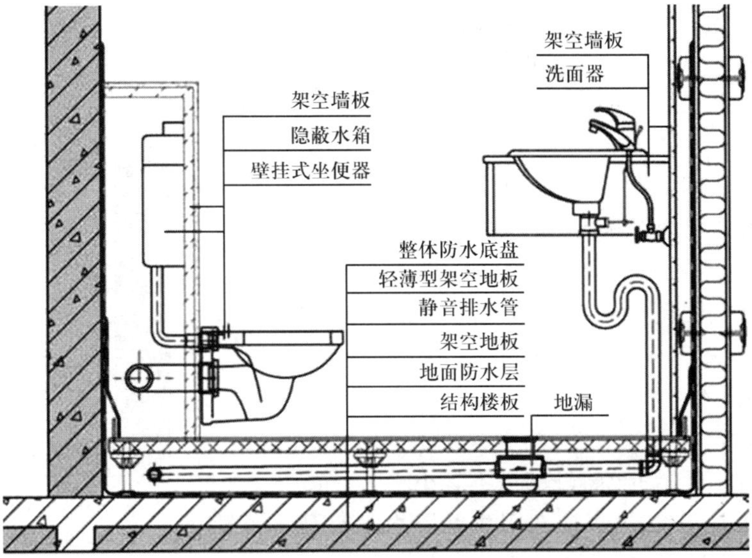

图 3-1-31　架空层同层排水示意图

①应做好设备管线接口、卫生间边界与相邻部品部件之间的收口；
②防水底盘与墙面板（壁板）连接处的构造应具有防渗漏的功能；
③卫生间墙面板（壁板）和外墙窗洞口的衔接处应进行收口处理并做好防水；
④卫生间的门框门套应与防水底盘、墙面板（壁板）、墙体做好收口和防水。

【项目实施】

一、任务下达

集成式卫生间也称为模块化预制卫生间，它是在工厂化组装控制条件下，遵照给定的设计和技术要求进行精准生产，在质量和成本上达到最优控制。

集成式卫生间系统包括顶板、壁板、防水底盘等外框架结构，也包括卫浴间内部的五金、洁具、瓷砖、照明，以及水、电、风系统等内部组件，可以根据使用需要装配在酒店、住宅、医院等环境中，为“即插即用”的成型产品。集成式卫生间如图 3-1-32 所示。

图 3-1-32　集成式卫生间

(1)集成式卫生间的尺寸选型应与建筑空间尺寸协调,并应符合下列规定:

①集成式卫生间的尺寸型号说明宜为内部净尺寸;

②集成式卫生间的内部净尺寸宜为基本模数 100 mm 的整数倍;

③集成式卫生间的尺寸选型和预留安装空间应在建筑设计阶段与厂家共同协商确定。

(2)集成式卫生间的预留安装尺寸应符合下列规定:

①集成式卫生间壁板与其外围合墙体之间应预留安装尺寸(图 3-1-33),并应符合下列规定:

a. 当无管时,不宜小于 50 mm;

b. 当敷设给水或电气管线时,不宜小于 70 mm;

c. 当敷设洗面器墙排水管线时,不宜小于 90 mm。

②当采用降板方式时,集成式卫生间防水盘与其安装结构面之间应预留安装尺寸(图 3-1-34),并应符合下列规定:

a. 当采用异层排水方式时,不宜小于 110 mm;

b. 当采用同层排水后排式坐便器时,不宜小于 200 mm;

c. 当采用同层排水下排式坐便器时,不宜小于 300 mm。

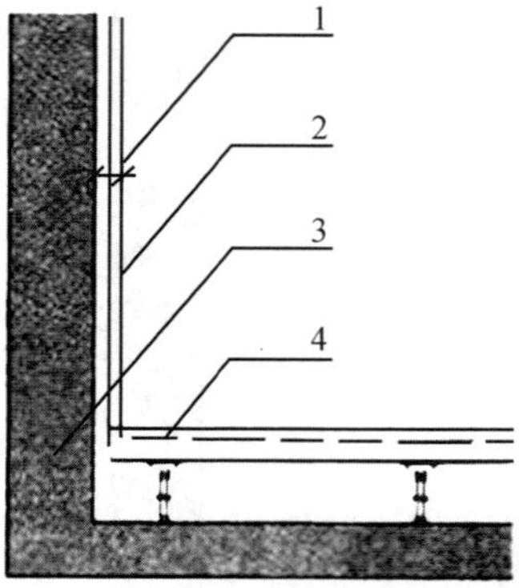

图 3-1-33 集成式卫生间壁板预留安装尺寸

1 —预留安装尺寸;2 —集成式卫生间壁板内侧;3 —外围合墙体;4 —集成式卫生间防水盘

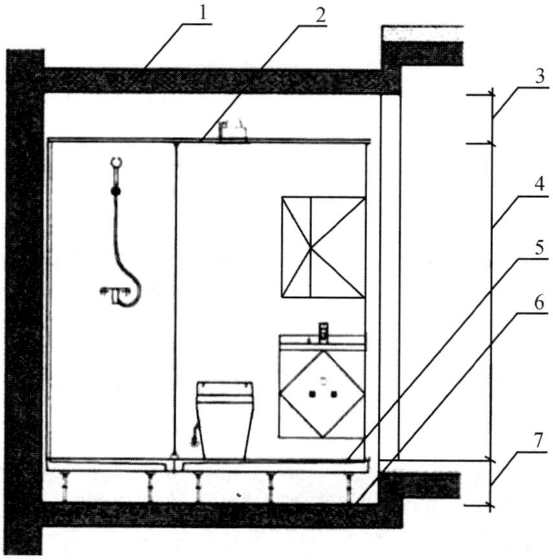

图 3-1-34 集成式卫生间防水盘、顶板预留安装尺寸

1—卫生间顶部结构板下表面;2—集成式卫生间顶板内表面;3—结构最低点与卫生间顶板间距;4—卫生间净高;5—防水盘面层;6—卫生间安装的结构板上表面;7—防水盘预留安装高度

③集成式卫生间顶板与卫生间顶部结构最低点的间距不宜小于 250 mm。

(3)建筑设计时应根据所采用集成式卫生间的管道连接要求进行给水、排水管道预留;集成式卫生间选用管道材质、品牌和连接方式应与建筑预留管道相匹配。当采用不同材质的管道连接时，应有可靠连接措施。

(4)敷设管道和设置阀门的部位应留有便于安装和检修的空间。管道外壁应进行标识。

(5)集成式卫生间的给水设计应符合下列规定：

①与电热水器连接的塑料给水管道应有金属管段过渡，金属管长度不应小于 400 mm；

②当使用非饮用水源时，供水管应采取严格的防止误接、误用、误饮的安全措施。

(6)集成式卫生间的排水设计应符合下列规定：

①采用同层排水方式时，如图 3-1-35 所示，应按所采用集成式卫生间的管道连接要求确定降板区域和降板深度，并应有可靠的管道防渗漏措施；

②从排水立管或主干管接出的预留管道，应靠近集成式卫生间的主要排水部位。

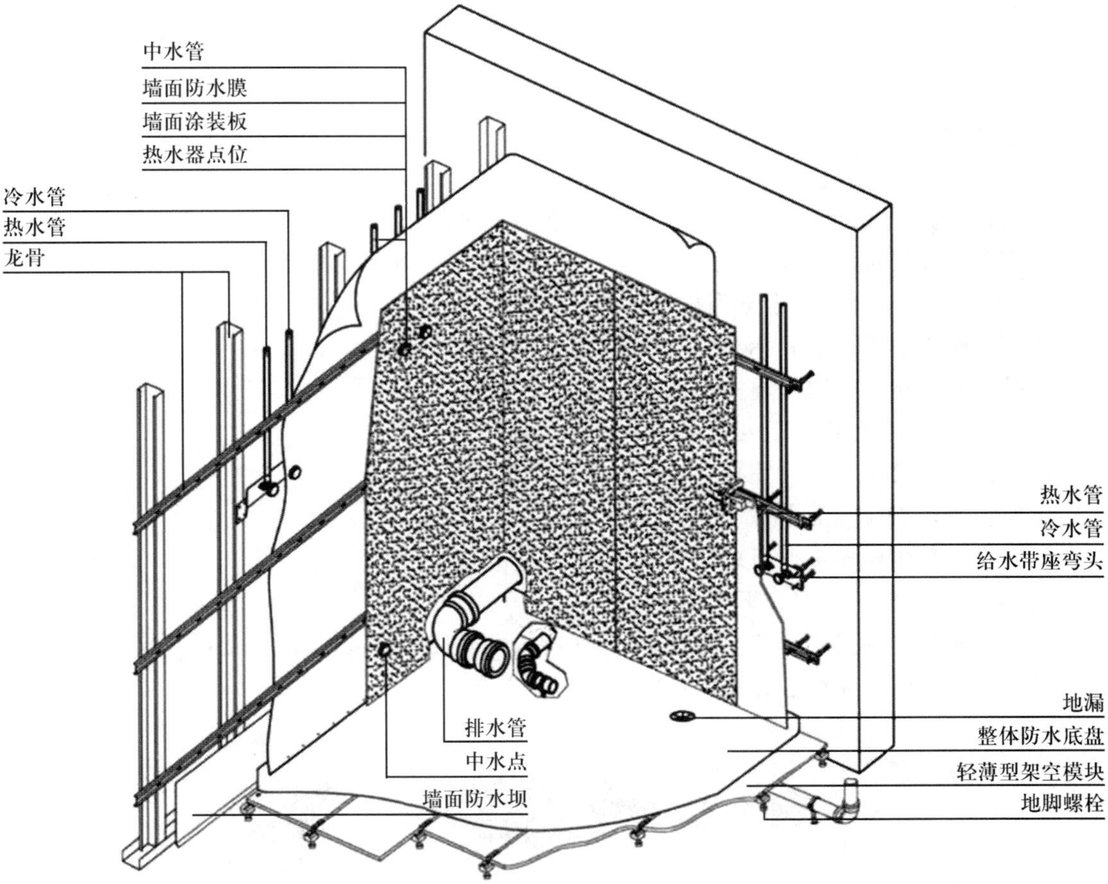

图 3-1-35　集成式卫生间同层排水示意图

二、任务实施

(一)安装准备

(1)集成式卫生间安装作业前，安装界面所具备的条件应验收合格并交接。

(2)集成式卫生间安装前的准备工作应符合下列规定：

①集成式卫生间产品应进行进场验收，应检查产品合格证、检验报告；

②应复核集成式卫生间安装位置线，并应在现场做好明显标识；
③集成式卫生间的安装地面应按设计要求完成施工；
④与集成式卫生间连接的管线应敷设至安装要求位置，并应验收合格。

(二)装配安装

1. 现场装配式集成式卫生间

(1)现场装配式集成式卫生间(图 3-1-36)宜按下列顺序安装：
①按设计要求确定防水盘标高；
②安装防水盘，连接排水管；
③安装壁板，连接管线；
④安装顶板，连接电气设备；
⑤安装门、窗套等收口；
⑥安装内部洁具及功能配件；
⑦清洁、自检、报验和成品保护。
(2)防水盘的安装应符合下列规定：
①底盘的高度及水平位置应调整到位，底盘应完全落实、水平稳固、无异响现象；
②当采用异层排水方式时，地漏孔、排污孔等应与楼面预留孔对正。
(3)排水管的安装应符合下列规定：
①预留排水管的位置和标高应准确，排水应通畅；
②排水管与预留管道的连接部位应密封处理。
(4)壁板的安装应符合下列规定：
①应按设计要求预先在壁板上开好各管道接头的安装孔；
②壁板拼接处应表面平整、缝隙均匀；
③安装过程中应避免壁板表面变形和损伤。
(5)给水管的安装应符合下列规定：
①当给水管接头采用热熔连接时，应保证所熔接的接头质量；
②给水管道安装完成后，应进行打压试验，并应合格。

图 3-1-36　现场装配式集成式卫生间示意图

(6)顶板安装时,应保证顶板与顶板、顶板与壁板间安装平整、缝隙均匀。

2. 整体吊装式集成式卫生间

(1)整体吊装式集成式卫生间(图3-1-37)宜按下列顺序安装:

①工厂组装完成的集成式卫生间,经检验合格后,做好包装保护,由工厂运至施工现场,利用垂直和平移工具将其移动到安装位置就位;

②拆掉集成式卫生间门口包装材料,进入卫生间内部检验有无损伤,通过调平螺栓调整好集成式卫生间的水平度、垂直度和标高;

③完成集成式卫生间与给水、排水、供暖预留点位、电路预留点位连接和相关试验;

④拆掉集成式卫生间外围包装保护材料,由相关单位进行集成式卫生间外围合墙体的施工;

⑤安装门、窗套等收口;

⑥清洁、自检、报检和成品保护。

图 3-1-37　整体吊装式集成式卫生间示意图

(2)整体吊装式集成式卫生间应利用专用机具移动,放置时应采取保护措施。

(3)整体吊装式集成式卫生间应在水平度、垂直度和标高调校合格后固定。

(三)成品保护

(1)集成式卫生间安装应与其他专业合理安排施工工序,避免造成污染和破坏。

(2)安装施工过程中应做好出墙、出地面给排水管道的防撞保护。

(3)集成式卫生间安装完毕后,应及时办理验收和封闭保护工作,同时应在醒目位置设置保护牌。

三、实施成果

(1)集成式卫生间安装前应完成相关隐蔽工程验收,当楼面结构层有防水时,应完成防水施工并验收合格。

(2)集成式卫生间的施工安装应由专业人员进行,并应与其他施工工序进行协调;当采用集成式卫生间时,宜优先安装集成式卫生间,再施工安装集成式卫生间周边墙体。

(3)集成式卫生间的安装应符合下列规定:

①集成式卫生间排水支管与主排水立管应连接牢靠,排水坡度符合设计要求;

②集成式卫生间的门框、门套应与防水底盘、壁板、外围合墙体做好收口处理和防水;

③当集成式卫生间设置外窗时,壁板和窗洞口衔接处应通过窗套进行收口处理,并应做好防水。

(4)集成式卫生间安装过程中,应对已完成工序的半成品及成品进行保护。

【相关知识】

❖ 装配式卫生间安装注意事项 ❖

(1)装配式卫生间安装应与其他专业合理安排施工工序,避免造成污染和破坏。

(2)安装施工过程中应做好出墙、出地面给排水管道的防撞保护。

(3)装配式卫生间安装完毕后,应及时办理验收和封闭保护工作,同时应在醒目位置设置保护牌。

(4)装配式卫生间在基层质量验收合格后安装,安装过程中应及时进行质量检查、隐蔽工程验收,并应做好自检记录。

(5)检查验收时查看下列成果文件和记录:

①设计方案图及设计变更,施工技术交底文件;

②主要组成材料的产品合格证书、出厂合格证、性能检验报告;

③自检记录、检验批质量验收记录等。

(6)装配式卫生间应对下列项目进行验收,并做好记录:

①给水与供暖管道的连接,接头处理,水管试压,风管严密性检验;

②排水管道的连接,接头处理,满水排泄试验;

③电线与电器的连接,绝缘电阻测试,等电位连接测试。

(7)装配式卫生间内部净尺寸应符合设计规定。

(8)龙头、花洒及坐便器等用水设备的连接部位应无渗漏,排水通畅。

(9)装配式卫生间面层材料的材质、品种、规格、阁案、颜色应符合设计规定。

(10)装配式卫生间所用金属型材、支撑构件应经防锈蚀处理。

(11)装配式卫生间的面层材料表面应洁净、色泽一致,不得有翘曲、裂缝及缺损。压条应平直、宽窄一致。

(12)装配式卫生间内的灯具、风口和检修口等设备设施的位置应合理,与面板的交接应吻合、严密。

【问题与讨论】

1. 简述集成式卫生间的概念。
2. 简述现场装配式集成式卫生间的施工要点。
3. 集成式卫生间施工安装应符合哪些规定?

任务七　设备与管线施工安装

一、知识目标

1. 了解设备与管线施工安装的规定;

2. 掌握设备与管线施工安装要点；

3. 学会设备与管线施工安装的注意事项。

二、能力目标

学生能够编制设备与管线施工安装的施工方案、技术交底、安全交底等文件。

三、素质目标

1. 通过任务引领的项目化教学，培养学生综合分析问题的能力及严谨细致的工作态度；

2. 通过拓展知识训练，培养学生的自主学习意识和自学能力；

3. 开展小组教学，培养学生的团结、合作精神。

【案例描述】

北京中粮万科长阳半岛项目用地面积15.4万 m^2，容积率2.17，总建筑面积37.5万 m^2。使用了混凝土预制板作为外墙板，内部使用预制混凝土楼梯等大量预制构件，工业化程度达到国内领先。建筑的雨篷、栏杆、排烟道、楼梯、卫浴、厨房等使用工业成品，减少现场加工。

该项目技术员张工需要结合施工及验收规范的要求完成设备与管线的施工安装任务。

【案例背景】

在传统建筑做法中，电气管线、供暖管线等经常敷设于结构体或结构垫层中，在日后的管线维修改造中，需要破坏原有的结构才能进行更新维护。装配式内装修中遵循管线与结构分离的原则，正是为了规避或减少传统建筑做法带来的各种问题。

从实现建筑长寿化和可持续发展理念出发，将设备管线与结构和内装修分离设置，是为了在较长使用寿命的主体结构与较短使用寿命的设备管线、内装修之间取得协调，使建筑便于维修和更新，同时避免设备管线和内装的更换维修对主体结构造成破坏，影响结构的耐久性。

《装配式内装修技术标准》(JGJ/T 491—2021)中规定管线与结构分离是建筑结构体中不埋设设备及管线，采取设备及管线与建筑结构体相分离的方式。

(1)装配式内装修设备和管线设置应遵循下列原则：

①设备和管线系统宜通过综合设计及管线集成技术提高设备与管线系统的集成度；

②设备和管线不应敷设在混凝土结构或混凝土垫层内，也不应通过墙体表面开凿或剔凿等方式设置；

③竖向主干管线、公共功能的阀门、计量设备、电气设备及用于总体调节和检修的部件，应集中设置在公共区域的管井或表间内；

④设备和管线的预留洞口尺寸及位置、插座接口点位应在设计图中明确标注，部品应定位准确；

⑤敷设于楼地面的架空层、吊顶空间、装配式隔墙内的空调及通风、给水、供暖、强弱电等设备与管线应便于检修，检修口宜采用标准化尺寸。

(2)集成式厨房和集成式卫生间的设备与管线设置应符合下列规定：

①给水排水、通风和电气等管道管线应采用标准化接口，且应在接口位置设置检修口；

②集成式厨房和集成式卫生间内的管道材质和连接方式宜与公共区的管道匹配，当采用

不同材质的管道连接时，应有可靠的连接措施。

(3)给水排水管线设置应符合下列规定：

①当采用给水分水器时，分水器应与用水器具一对一连接；在架空层或吊顶内敷设时，中间不得有连接配件；分水器设置应便于检修，并宜有排水措施；

②敷设于隔墙系统、吊顶系统、架空地板系统内的给水管线应采取措施避免有机溶剂的腐蚀或污染；

③消防阀门、水流指示器、末端试水阀等附配件宜设在管井、设备用房内等便于检修的部位；当设在走廊等部位的吊顶内时，应预留检修口；不应设在办公室、居住房间等承担主要使用功能的用房内。

(4)供暖、空调和通风管道设置应符合下列规定：

①敷设于居住建筑隔墙系统、吊顶系统、架空地板系统内的供暖管道不宜有接口和阀门、部件；

②供暖、空调和通风系统管道安装应设置可靠的支撑系统并充分考虑管道伸缩补偿，确保安装安全；同时，应按照相关标准要求，设置保温隔热措施；

③空调通风管道宜采用工厂预制、现场冷连接工艺。

(5)电气管线设置应符合下列规定：

①电气线缆应采用符合安全和防火要求的敷设方式配线；

②电气线缆应穿金属管或在金属线槽内敷设，线缆在管道或线槽内不宜有接头，如有接头，应放置在接线盒内；

③电气线缆设计在隔墙内布线时，隔墙应优先选用带穿线管的工厂化生产的墙板。

【项目实施】

一、任务下达

装配式混凝土建筑中的设备与管线安装主要涉及建筑给水排水及供暖、通风与空调、建筑电气、智能建筑、建筑节能、电梯等安装工程。

设备与管线宜采用装配式部品，部品与配管连接、配管与主管道连接及部品间连接应采用标准化接口，并应满足通用性和互换性的要求。

设备与管线需要与预制构件连接时宜采用预埋件或管件的连接方式，并应方便安装与维护。

装配式混凝土建筑的设备与管线宜与主体结构相分离，如图 3-1-38 所示，方便维修和更换，且不影响主体结构安全。同时，在设备与管线设计时应与建筑设计同步进行，预留预埋满足结构专业的相关要求。

二、任务实施

(一)给水排水及供暖工程

(1)给水管道与部品的接口形式及位置应便于检修更换，并应采取措施避免结构或温度变形对给水管道接口产生影响。

(2)给水排水设备管道安装应符合下列规定：

(a) 预制楼板上安装的管线

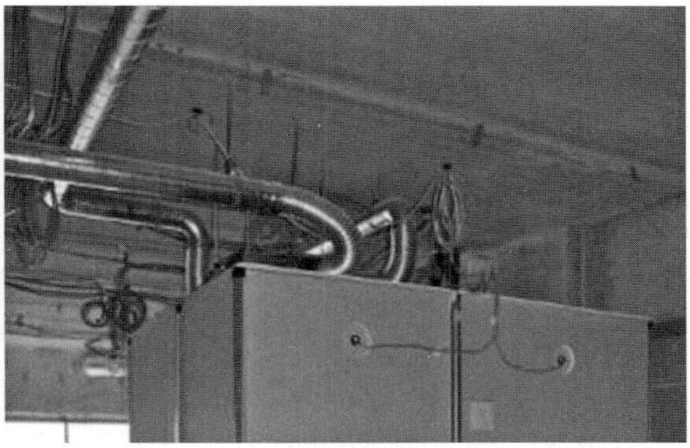

(b) 卫生间天花配线

(c) 公共走廊管线

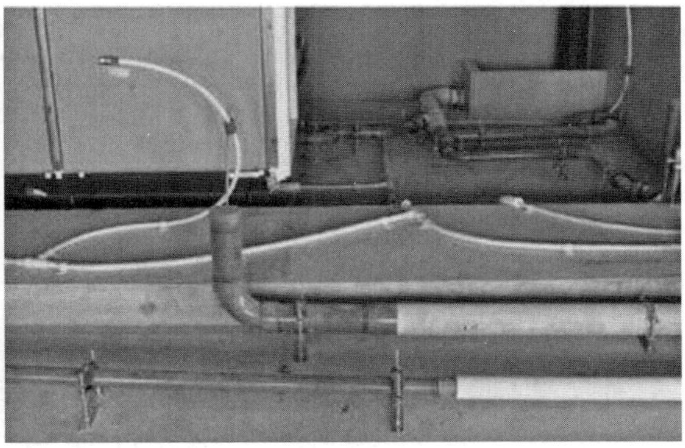

(d) 卫生间同层排水

图 3-1-38　管线分离展示

①管道穿越预制构件时应预留套管或孔洞，预留的位置应准确且不影响结构安全；

②给水系统的立管与部品水平管道的接口宜采用活接连接；

③排水系统宜采用同层排水方式，当同层排水管道设置在架空层时，宜设积水排出措施；

④同层排水管道和给水管道均应在设计预留的安装空间内敷设，同时预留与外部管道接口的位置并做出明显标识；

⑤敷设在吊顶或楼地面架空层的给水管道应采取防腐蚀、隔声减噪和防结露等措施；

⑥成排管道或设备应在设计安装的预制构件上预埋用于支吊架安装的埋件。

(3)同层排水技术：

《装配式混凝土结构技术规程》(JGJ 1—2014)中第 5.4.5 条规定，建筑宜采用同层排水设计，并应结合房间净高、楼板跨度、设备管线等因素确定降板方案。

《装配式混凝土建筑技术标准》(GB/T 51231—2016)中第 7.2.3 条规定，装配式混凝土建筑的排水系统宜采用同层排水技术，同层排水管道敷设在架空层时，宜设积水排出措施。

《装配式住宅建筑设计标准》(JGJ/T 398—2017)中第 8.2.2 条规定，装配式住宅宜采用同层排水设计。

同层排水示意图如图 3-1-39 所示。

《建筑同层排水工程技术规程》(CJJ 232—2016)中规定，同层排水是建筑排水系统中，器具排水管和排水横支管不穿越本层结构楼板到下层空间，且与卫生器具同层敷设并接入排水

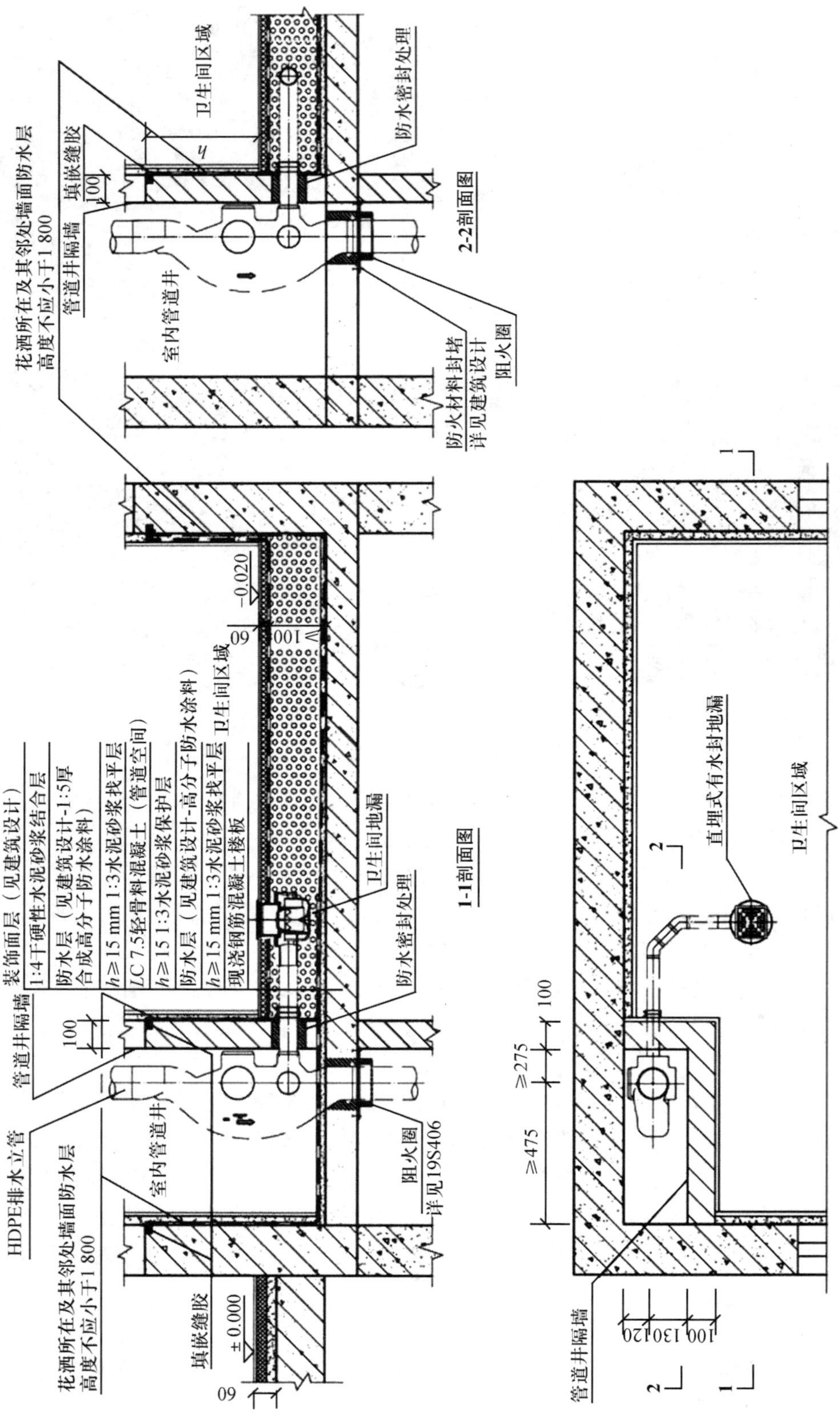

图3-1-39　同层排水示意图（单位：mm）

立管的排水方式，并做以下规定：

①同层排水工程的敷设方式、结构形式、管道井（或管窿）位置和卫生器具布置等，应与建筑、结构和机电各有关专业协调后确定。

②同层排水的器具排水管和排水横支管应与卫生器具同层敷设，不得穿越结构楼板进入下层空间。排水立管和通气立管可穿越结构楼板。

③同层排水采用的地漏宜自带水封（内置存水弯），并应符合国家现行标准《建筑给水排水设计规范》（GB 50015）和《地漏》（CJ/T 186）的有关规定。地漏宜采取防止水封干涸和防返溢措施。

④同层排水工程中，水封设置应符合下列规定：

a. 构造内无水封的卫生器具及地漏，与生活污水管道或其他可能产生有害气体的排水管道连接时，应在卫生器具及地漏的排水口以下设置存水弯；

b. 水封深度不得小于 50 mm；

c. 不得采用活动机械密封替代水封。

（4）供暖系统管道施工应符合下列规定：

①装配式混凝土建筑设置供暖系统时，供、回水主立管的专用管道井或通廊，应预留进户用供暖水管的孔洞或预埋套管。

②户内供暖系统的供、回水管道应敷设在架空地板内，并且管道应做保温处理；当无架空地板时，供暖管道应做保温处理后敷设在装配式混凝土建筑的地板沟槽内。

③隐蔽在装饰墙体内的管道，其安装应牢固可靠，管道安装部位的装饰结构应采取方便更换、维修的措施。

④采用散热器供暖系统的装配式混凝土建筑，散热器的挂件或可连接挂件的预埋件应预埋在实体结构上；当采用预留孔洞安装散热器挂件时，预留孔洞的深度不应小于 120 mm。

（二）通风空调及燃气工程

（1）预留套管的形式及规格应符合国家现行标准《通风与空调工程施工质量验收规范》（GB 50243）和《城镇燃气设计规范》（GB 50028）的有关规定。

（2）预留套管应按设计图纸中管道的定位、标高同时结合装饰装修、结构专业，绘制预留图，在预制构件上的预留预埋应在预制构件厂内完成，并进行质量验收。

（3）装配式混凝土建筑应采用适宜的节能技术，维持良好的热舒适性，降低建筑能耗，减少环境污染，并充分利用自然通风。

（4）装配式混凝土建筑的通风、供暖和空调等设备均应选用能效比高的节能型产品，以降低能耗。

（三）电气和智能化工程

（1）装配式混凝土建筑的电气和智能化系统设备与管线的设计，应满足预制构件工厂化生产、施工安装及使用维护的要求。

（2）电气和智能化工程施工应符合下列规定：

①当管线在叠合楼板现浇层中暗敷设时，应避免管线交叉部位与桁架钢筋重叠，同一位置不得交叉敷设三根及以上电气管路。

②箱体和管线均暗装在预制构件时，应在墙板与楼板的连接处预留出足够的操作空间。

③叠合楼板现浇层暗敷电气管路时，应在叠合楼板上电气设备相应位置预埋深型接线盒。

④安装在预制板上的配电箱体，应使用预留螺栓进行固定；安装在轻钢龙骨隔墙内的箱体，应设置独立支架，不应使用龙骨固定。

(3)装配式混凝土建筑的防雷设计应符合下列规定：

①当利用预制剪力墙、预制柱内的部分钢筋作为防雷引下线时，预制构件内作为防雷引下线的钢筋，应在构件接缝处做可靠的电气连接，并在构件接缝处预留施工空间及条件，连接部位应有永久性明显标记。

②建筑外墙上的金属管道、栏杆、门窗等金属物需要与防雷装置连接时，应与相关预制构件内部的金属件连接成电气通路。

③设置等电位连接的场所，各构件内的钢筋应做可靠的电气连接，并与等电位连接箱连通。

(四)设备与管线模块化装配

(1)预制模块加工所需机电设备、管道、阀门、配件等材料必须具有质量合格证明文件，规格、型号、技术参数等应符合设计要求。

(2)在生产、运输、存储和装配过程中，应采取防止预制模块损坏或腐蚀的措施。

(3)设备与管线预制模块有形状不规则的固有特点，在预制模块划分时应着重考虑各种预制模块的运输、吊装条件限制。

(4)装配前应对设备基础进行验收，基础混凝土强度、坐标、标高、尺寸和螺栓孔位置应符合设计或厂家技术要求，表面平整，不得有蜂窝、麻面、裂纹、孔洞、露筋等缺陷，合格后方可进行安装。

(5)预制模块应按照施工方案的装配顺序提前编号，并按照编号依次装配。

(6)预制模块安装的位置、标高和管口方向必须符合设计要求。当设计无要求时，平面位移和标高位移误差不应大于 10 mm。

(7)预制模块成排或密集装配施工时，宜采用地面拼装、整体提升或顶升的装配方法。

(8)装配就位后应校准定位，并应设置临时支撑或采取临时固定措施。

三、实施成果

(1)设备和管线的施工安装应符合设计文件和国家现行标准的规定，并应满足检修更换的要求。

(2)设备和管线安装不得影响结构安全性及部品部件的完整性。

(3)设备和管线的固定装置材料与设备管线材料应相互兼容，且固定装置的耐久年限应长于管线的耐久年限。

(4)设备和管线施工完成后，应进行试验和调试，暗敷在轻质隔墙、架空地板和吊顶内的设备和管线，应在验收合格并形成记录后方可隐蔽。

【相关知识】

∴ 设备与管线施工的原则 ∴

设备与管线施工需要满足可变、连接、独立、分离的原则。

1. 可变性原则

可变性原则是指对房间的大小及户型布置进行调整更改。将住宅的居住领域与厨、厕、浴的用水区域分开，通过提高居住区域的可变自由度，居住者可以根据自己的爱好和生活方式进行分割，也可配合高龄化带来的生活方式的变化进行变更，让住宅具有长期的适应性。

2. 连接原则

连接原则是指在不损伤住宅本体的前提下更换部品，将构成住宅的各种构件和部品等按照耐用年限不同进行分类，设计上应该考虑更换耐用年限短的部品时不能让墙板和楼板等耐用年限长的构件受到损伤，以此决定安装的方法和采取方便修理的措施。

3. 独立、分离原则

独立、分离原则是指预留单独的配管和配线空间，不把管线埋入结构体内，从而方便检查、更换和追加新的设备。

【问题与讨论】

1. 简述管线分离的概念。
2. 简述现场设备与管线的施工要点。
3. 装配式内装修设备和管线设置应遵循哪些原则？

子项目二　装配式混凝土建筑内装修质量验收

任务一　内装部品成品安装验收

一、知识目标

1. 了解内装部品成品安装验收的规定；
2. 掌握内装部品成品安装验收的要点；
3. 学会内装部品成品安装验收的注意事项。

二、能力目标

学生能够进行内装部品成品安装的验收工作。

三、素质目标

1. 通过任务引领的项目化教学，培养学生综合分析问题的能力及严谨细致的工作态度；
2. 通过拓展知识训练，培养学生自主学习意识和自学能力；
3. 开展小组教学，培养学生的团结、合作精神。

【案例描述】

郭公庄一期项目位于丰台区郭公庄村，整个项目占地 8.8 hm^2，其中建设用地 5.8 hm^2，容积率为 2.5。郭公庄一期项目创造了多项全国第一，一是首个开放式街区的保障房项目，采用了全装配式技术；二是整个项目采用了装配式装修的施工工艺，项目的内装采用的是干式工法。

该项目技术员张工需要结合施工及验收规范的要求完成内装部品成品安装验收任务。

【案例背景】

装配式内装修工程的质量验收应按现行国家标准《建筑工程施工质量验收统一标准》(GB 50300)规定的原则进行。装配式内装修工程具备穿插施工条件时可提前进行主体工程验收。装配式内装修工程所用材料、部品的规格、性能参数等应符合设计要求，并应进行进场检验；涉及安全、节能、环境保护和主要使用功能的重要材料和部品，应进行复验。

装配式内装修工程质量验收可按下列规定划分检验单元：

(1)以 1 个单元或楼层作为分部工程的检验单元；

(2)隔墙与墙面系统、吊顶系统、楼地面系统等作为组成分部工程的分项；

(3)通风与空调、建筑电气、智能化等系统独立作为设备管线分部工程下的子分部工程，其系统安装工序作为检验分项；

(4)户箱之后的强电、弱电管线及设备，水表之后的给水管线及设备，主立管之前的排水管道及设备，作为设备管线系统的子分部工程进行验收。

装配式内装修工程设备管线的安装及调试应在饰面层施工前完成。设备管线的施工质量验收应符合现行国家标准《建筑给水排水及采暖工程施工质量验收规范》(GB 50242)、《通风与空调工程施工质量验收规范》(GB 50243)、《建筑电气工程施工质量验收规范》(GB 50303)等的规定。

隐蔽工程验收应有记录，记录应包含隐蔽部位照片和隐蔽部位施工过程影像；检验批验收应有现场检查原始记录。

装配式内装修工程验收中所有检验文件应汇总并入总体工程验收报告，并将相关资料提供给房屋使用方和物业管理方作为运营维护的基本资料。

【项目实施】

一、任务下达

(一)装配式隔墙系统

(1)同一类型的装配式隔墙工程每层或每 30 间应划分为一个检验批，不足 30 间也应划分为一个检验批，大面积房间和走廊可按装配式隔墙 30 m^2 计为 1 间。

(2)装配式隔墙工程每个检验批应至少抽查 20%，并不得少于 4 间，不足 4 间时应全数检查。

(二)装配式吊顶系统

(1)同一类型的装配式吊顶工程每层或每 30 间应划分为一个检验批，不足 30 间也应划分为一个检验批，大面积房间和走廊可按装配式吊顶 30 m^2 计为 1 间。

(2)装配式吊顶工程每个检验批应至少抽查 10%，并不得少于 3 间，不足 3 间时应全数检查。

(三)装配式楼地面系统

(1)同一类型的装配式楼地面工程每层或每 30 间应划分为一个检验批，不足 30 间也应划分为一个检验批，大面积房间和走廊可按装配式地面 30 m^2 计为 1 间。

(2)装配式楼地面工程每个检验批应至少抽查 20%，并不得少于 4 间，不足 4 间时应全数检查。

(四)集成式厨房

(1)同一类型的集成式厨房每 10 间应划分为一个检验批，不足 10 间也应划分为一个检验批。

(2)集成式厨房每个检验批应至少抽查 30%，并不得少于 3 间，不足 3 间时应全数检查。

(五)集成式卫生间

(1)同一类型的集成式卫生间每 10 间应划分为一个检验批，不足 10 间也应划分为一个检验批。

(2)集成式卫生间每个检验批应至少抽查 50%，并不得少于 3 间，不足 3 间时应全数检查。

二、任务实施

(一)装配式隔墙系统

(1)装配式隔墙系统所用部品部件的品种、规格、性能、外观、燃烧等级、甲醛释放量等应符合设计要求和国家现行有关标准的规定。

检验方法：观察；检查产品合格证书、进场验收记录和性能检测报告。

(2)装配式隔墙系统的管线接口位置应符合设计要求。

检验方法：查阅设计文件；观察检查；尺量检查。

(3)装配式隔墙系统的饰面板应连接牢固，龙骨间距、数量、规格应符合设计要求，龙骨应符合防腐、防潮及防火要求，墙面板块之间的接缝工艺应密闭，材料应防潮、防霉变。

检验方法：手扳检查；检查进场验收记录、后置埋件现场拉拔检测报告、隐蔽工程验收记录和施工记录。

(4)装配式龙骨隔墙所用龙骨、配件、墙面板、填充与嵌缝材料的品种、规格、性能及木材的含水率应符合设计要求。有隔声、隔热、阻燃、防潮等特殊要求的工程，材料应有相应性能等级的检测报告。

检验方法：观察；检查产品合格证书、进场验收记录、性能检测报告和复验报告。

(5)装配式龙骨隔墙的天地龙骨应与基层构造连接牢固，并应平整、垂直、位置正确。

检验方法：手扳检查；尺量检查；检查隐蔽工程验收记录。

(6)装配式条板隔墙的预埋件、连接件的位置、规格、数量和连接方法应符合设计要求。

检验方法：观察；尺量检查；检查隐蔽工程验收记录。

(7)装配式条板隔墙的条板之间、条板与建筑主体结构的结合应牢固、稳定，连接方法应符合设计要求。

检验方法：观察；手扳检查。

(8)装配式龙骨隔墙上的孔洞、槽、盒应位置正确、套割方正、边缘整齐。

检验方法：观察。

(9)装配式龙骨隔墙内的填充材料应干燥，填充应密实、均匀、无下坠。

检验方法：轻敲检查；检查隐蔽工程验收记录。

(10)装配式隔墙及墙面工程的允许偏差和检验方法应符合现行国家标准《建筑装饰装修工程质量验收标准》(GB 50210)的相关规定。

(二)装配式吊顶系统

(1)吊顶标高、尺寸、造型应符合设计要求。

检验方法：观察；尺量检查。

(2)吊顶工程所用吊杆、龙骨、连接件的质量、规格、安装间距、连接方式及加强处理应符合设计要求，金属吊杆、龙骨及连接件等应采用防腐材料或采取防腐措施，材料应相互兼容，防止电化学腐蚀。

检验方法：观察；尺量检查；检查产品合格证书、进场验收记录和隐蔽工程验收记录。

(3)吊顶工程所用饰面板的材质、品种、图案颜色、机械性能、燃烧性能等应符合设计要求及国家现行有关标准的规定。潮湿部位应采用防潮材料并有防结露、防滴水、排放冷凝水等措施。

检验方法：观察；检查产品合格证书、性能检测报告、进场验收记录和复验报告。

(4)吊顶饰面板的安装应稳固严密，当饰面板为易碎或重型部品时应有可靠的安全措施。

检验方法：观察；手扳检查；尺量检查。

(5)重型设备和有振动荷载的设备严禁安装在装配式吊顶工程的连接件上。

检验方法：观察。

(6)饰面板表面应洁净，边缘应整齐、色泽一致，不得有翘曲、裂缝及缺损。饰面板与连接构造应平整、吻合，压条应平直、宽窄一致。

检验方法：观察；尺量检查。

(7)饰面板上的灯具、烟感、温感、喷淋头、风口篦子等相关设备的位置应符合设计要求，与饰面板的交接处应严密。

检验方法：观察。

(8)装配式吊顶的允许偏差和检验方法应符合现行国家标准《建筑装饰装修工程质量验收标准》(GB 50210)的有关规定。

(三)装配式楼地面系统

(1)装配式楼地面系统所用可调节支撑、基层衬板、面层材料的品种、规格、性能应符合设计要求。

检验方法：观察；查阅设计文件；检查产品合格证书等。

(2)装配式楼地面系统可调节支撑的防腐性能和支撑强度，面层材料的耐磨、防潮、阻燃、耐污染及耐腐蚀等性能，应符合设计要求及现行国家标准《建筑地面工程施工质量验收规范》(GB 50209)的相关规定。

检验方法：观察；检查产品合格证书、性能检测报告和进场验收记录。

(3)装配式地面系统面层应安装牢固，无裂纹、划痕、磨痕、掉角、缺棱等现象。

检验方法：观察。

(4)装配式楼地面系统的找平层表面应平整、光洁、不起灰，抗压强度应符合现行国家标准《建筑地面工程施工质量验收规范》(GB 50209)的相关规定。

检验方法：回弹法检测或检查配合比、通知单及检测报告。

(5)装配式楼地面基层和构造层之间、分层施工的各层之间，应结合牢固、无裂缝。

检验方法：观察；用小锤轻击检查。

(6)装配式楼地面面层的排列应符合设计要求，表面洁净、接缝均匀、缝格顺直。

检验方法：观察。

(7)装配式楼地面与其他面层连接处、收口处和墙边、柱子周围应顺直、压紧。

检验方法：观察。

(8)装配式楼地面面层与墙面或地面突出物周围套割应吻合，边缘应整齐。与踢脚板交接应紧密，缝隙应顺直。

检验方法：观察；尺量检查。

(9)地面辐射供暖的安装应在辐射区与非辐射区、建筑物墙体、地面等结构交界部位设置侧面绝热层，防止热量渗出。地面辐射供暖管线的安装应符合现行行业标准《辐射供暖供冷技术规程》(JGJ 142)的相关规定。

检验方法：观察；尺量检查。

(10)架空地板系统的铺设、安装应符合现行国家标准《建筑地面工程施工质量验收规范》(GB 50209)的相关规定。

检验方法：观察；尺量检查。

(11)装配式楼地面的允许偏差和检验方法应符合现行国家标准《建筑装饰装修工程质量验收标准》(GB 50210)的相关规定。

(四)集成式厨房

(1)集成式厨房的功能、配置、布置形式、使用面积及空间尺寸、部件尺寸应符合设计要求和国家现行有关标准的规定。厨房门窗位置、尺寸和开启方式不应妨碍厨房设施、设备和家具的安装与使用。

检查数量：全数检查。

检验方法：观察；尺量检查。

(2)集成式厨房所用部品部件、橱柜、设施设备等的规格、型号、外观、颜色、性能、使用功能应符合设计要求和国家现行有关标准的规定。

检查数量：全数检查。

检验方法：观察；手试；检查产品合格证书、进场验收记录和性能检验报告。

(3)集成式厨房的安装应牢固严密，不得松动；与轻质隔墙连接时应采取加强措施，满足厨房设施设备固定的荷载要求。

检查数量：全数检查。

检验方法：观察；手试；检查隐蔽工程验收记录和施工记录。

(4)集成式厨房的给水排水、燃气、排烟、电气等预留接口、孔洞的数量、位置、尺寸应符合设计要求。

检查数量：全数检查。

检验方法：观察；尺量检查；检查隐蔽工程验收记录和施工记录。

(5)集成式厨房的给水、燃气、排烟等管道接口和涉水部位连接处的密封应符合设计要求，不得有渗漏现象。

检查数量：全数检查。

检验方法：观察；手试。

(6)集成式厨房的表面应平整、洁净、无变形、鼓包、毛刺、裂纹、划痕、锐角、污渍或损伤。

检查数量：全数检查。

检验方法：观察；手试。

(7)集成式厨房柜体的排列应合理、美观。

检查数量：全数检查。

检验方法：观察。

(8)集成式厨房的橱柜、台面、抽油烟机等部品、设备与墙面、顶面、地面处的交接、嵌合应严密，交接线应顺直、清晰、美观。

检查数量：全数检查。

检验方法：观察；手试。

(9)集成式厨房安装的允许偏差、检验方法应符合现行行业标准《住宅室内装饰装修工程质量验收规范》(JGJ/T 304)的相关规定。

(五)集成式卫生间

(1)集成式卫生间的功能、配置、布置形式及内部尺寸应符合设计要求和国家现行有关标准的规定。

检查数量：全数检查。

检验方法：观察；尺量检查。

(2)集成式卫生间工程所选用部品部件、洁具、设施设备等的规格、型号、外观、颜色、性能等应符合设计要求和国家现行有关标准的规定。

检查数量：全数检查。

检验方法：观察；手试；检查产品合格证书、型式检验报告、产品说明书、安装说明书、进场验收记录和性能检验报告。

(3)集成式卫生间的防水底盘安装位置应准确，与地漏孔、排污孔等预留孔洞位置对正，连接良好。

检查数量：全数检查。

检验方法：观察。

(4)集成式卫生间的连接构造应符合设计要求，安装应牢固严密，不得松动。设备设施与轻质隔墙连接时应采取加强措施，满足荷载要求。

检查数量：全数检查。

检验方法：观察；手试；检查隐蔽工程验收记录和施工记录。

(5)集成式卫生间安装完成后应做满水和通水试验，满水后各连接件不渗不漏，通水试验给水排水畅通；各涉水部位连接处的密封应符合设计要求，不得有渗漏现象；地面坡向、坡度应正确，无积水。

检查数量：全数检查。

检验方法：观察；满水、通水、淋水、泼水试验。

(6)集成式卫生间给水排水、电气、通风等预留接口、孔洞的数量、位置、尺寸应符合设计要求，不偏位、错位，不得现场开凿。

检查数量：全数检查。

检验方法：观察；尺量检查；检查隐蔽工程验收记录和施工记录。

(7)集成式卫生间板材拼缝处应有密封防水处理。

检查数量：全数检查。

检验方法：观察。

(8)集成式卫生间的卫生器具排水配件应设存水弯，不得重叠存水。

检验方法：手试；观察检查。

(9)集成式卫生间的部品部件、设施设备表面应平整、光洁、无变形、毛刺、裂纹、划痕、锐角、污渍；金属的防腐措施和木器的防水措施到位。

检查数量：全数检查。

检验方法：观察；手试。

(10)集成式卫生间的洁具、灯具、风口等部件、设备安装位置应合理，与面板处的交接应严密、吻合，交接线应顺直、清晰、美观。

检查数量：全数检查。

检验方法：观察；手试。

(11)集成式卫生间板块面层的排列应合理、美观。

检查数量：全数检查。

检验方法：观察。

三、实施成果

(一)集成式卫生间验收

集成式卫生间应为建筑装饰装修子分部工程。现场装配、整体吊装是集成式卫生间的分项工程，当符合下列条件时，质量应为验收合格：

(1)所含的检验批的质量均应验收合格；

(2)所含的检验批的质量验收记录应完整。

检验批应由专业监理工程师组织施工单位的项目专业质量检查员、专业工长等进行验收。分项工程应由专业监理工程师组织施工单位的项目专业技术负责人等进行验收。现场装配、整体吊装分项工程质量验收记录应按表3-2-1的要求填写。

当集成式卫生间安装质量不满足要求时，应按下列规定进行处理：

(1)经返工或返修的检验批，应重新进行验收；

(2)经有资质的检测机构检测鉴定能够达到设计要求的检验批，应予以验收；

(3)经有资质的检测机构检测鉴定达不到设计要求，但经原设计单位核算能够满足安全和使用功能的检验批，可予以验收；

表 3-2-1　集成式卫生间组装分项工程质量验收记录

<table>
<tr><td colspan="2">单位(子单位)
工程名称</td><td colspan="2"></td><td>分部(子分部)
工程名称</td><td></td><td>分项工程名称</td><td colspan="2"></td></tr>
<tr><td colspan="2">总承包单位</td><td colspan="2"></td><td>项目经理</td><td></td><td>检验批容量</td><td colspan="2"></td></tr>
<tr><td colspan="2">专业承包单位</td><td colspan="2"></td><td>项目经理</td><td></td><td>检验批部位</td><td colspan="2"></td></tr>
<tr><td colspan="5">施工依据</td><td>验收依据</td><td colspan="3">《居住建筑装配式内装工程技术标准》标准号、年号</td></tr>
<tr><td colspan="5">验收内容</td><td>质量标准</td><td>最小/实际
抽样数量</td><td>检查
记录</td><td>检查
结果</td></tr>
<tr><td rowspan="5">主控项目</td><td>1</td><td colspan="3">卫生间的功能、配置等</td><td>6.6.1</td><td></td><td></td><td></td></tr>
<tr><td>2</td><td colspan="3">卫生间墙、顶、地的材料选型及安装</td><td>6.6.2</td><td></td><td></td><td></td></tr>
<tr><td>3</td><td colspan="3">卫生间部品、洁具、设施设备选型及安装</td><td>6.6.3</td><td></td><td></td><td></td></tr>
<tr><td>4</td><td colspan="3">卫生间闭水及通水试验</td><td>6.6.4</td><td></td><td></td><td></td></tr>
<tr><td>5</td><td colspan="3">漏水检测措施</td><td>6.6.5</td><td></td><td></td><td></td></tr>
<tr><td rowspan="20">一般项目</td><td>6</td><td colspan="3">卫生间墙、顶、地安装观感质量</td><td>6.6.6</td><td></td><td></td><td></td></tr>
<tr><td>7</td><td colspan="3">卫生间部品、洁具、设施设备安装观感质量</td><td>6.6.7</td><td></td><td></td><td></td></tr>
<tr><td>8</td><td colspan="3">部品、设备与面板交接</td><td>6.6.8</td><td></td><td></td><td></td></tr>
<tr><td rowspan="9">9</td><td rowspan="9">集成式卫生间安装的允许偏差 /mm</td><td>防水盘</td><td>内外设计标高差</td><td>2.0</td><td></td><td></td><td></td></tr>
<tr><td rowspan="5">壁板</td><td>阴阳角方正</td><td>3.0</td><td></td><td></td><td></td></tr>
<tr><td>立面乖真度</td><td>2.0</td><td></td><td></td><td></td></tr>
<tr><td>表面平整度</td><td>1.5</td><td></td><td></td><td></td></tr>
<tr><td>接键高低差</td><td>0.5</td><td></td><td></td><td></td></tr>
<tr><td>接缝宽度</td><td>0.5</td><td></td><td></td><td></td></tr>
<tr><td rowspan="3">顶板</td><td>表面平整度</td><td>1.5</td><td></td><td></td><td></td></tr>
<tr><td>接缝高低差</td><td>0.5</td><td></td><td></td><td></td></tr>
<tr><td>接缝宽度</td><td>0.5</td><td></td><td></td><td></td></tr>
<tr><td rowspan="8">10</td><td colspan="2" rowspan="8">集成式卫生间部品、设备安装的允许偏差 /mm</td><td>卫浴柜外形尺寸</td><td>3.0</td><td></td><td></td><td></td></tr>
<tr><td>卫浴柜两端高低差</td><td>2.0</td><td></td><td></td><td></td></tr>
<tr><td>卫浴柜立面乘真度</td><td>2.0</td><td></td><td></td><td></td></tr>
<tr><td>卫浴柜上、下口平直度</td><td>2.0</td><td></td><td></td><td></td></tr>
<tr><td>部品、设备坐标</td><td>10.0</td><td></td><td></td><td></td></tr>
<tr><td>部品、设备标高</td><td>±15.0</td><td></td><td></td><td></td></tr>
<tr><td>部品、设备水平度</td><td>2.0</td><td></td><td></td><td></td></tr>
<tr><td>部品、设备垂直度</td><td>2.0</td><td></td><td></td><td></td></tr>
<tr><td colspan="4">验收结论</td><td colspan="5"></td></tr>
<tr><td colspan="4">专业承包单位</td><td colspan="2">总承包单位</td><td colspan="3">监理单位</td></tr>
<tr><td colspan="4">项目负责人：

（公章）
年　月　日</td><td colspan="2">项目负责人：

（公章）
年　月　日</td><td colspan="3">总监理工程师：

（公章）
年　月　日</td></tr>
</table>

(4)经返修或加固处理的分项、分部工程，满足安全及使用功能要求时，可按技术处理方案和协商文件的要求予以验收。

(二)验收记录

1. 装配式吊顶质量验收记录(表 3-2-2)

表 3-2-2 装配式吊顶质量验收记录

<table>
<tr><td colspan="2">单位(子单位)
工程名称</td><td colspan="2"></td><td>分部(子分部)
工程名称</td><td colspan="3"></td><td colspan="3">分项工程名称</td><td colspan="4"></td></tr>
<tr><td colspan="2">总承包单位</td><td colspan="2"></td><td>项目经理</td><td colspan="3"></td><td colspan="3">检验批容量</td><td colspan="4"></td></tr>
<tr><td colspan="2">专业承包单位</td><td colspan="2"></td><td>项目经理</td><td colspan="3"></td><td colspan="3">检验批部位</td><td colspan="4"></td></tr>
<tr><td colspan="2">施工依据</td><td colspan="3"></td><td>验收依据</td><td colspan="9">《居住建筑装配式内装工程技术标准》标准号、年号</td></tr>
<tr><td colspan="5">验收内容</td><td>质量标准</td><td colspan="3">最小/实际
抽样数量</td><td colspan="3">检查记录</td><td colspan="3">检查结果</td></tr>
<tr><td rowspan="3">主控项目</td><td>1</td><td colspan="3">支吊架的连接方式及安装</td><td>6.3.1</td><td colspan="3"></td><td colspan="3"></td><td colspan="3"></td></tr>
<tr><td>2</td><td colspan="3">吊顶饰面板选型及安装</td><td>6.3.2</td><td colspan="3"></td><td colspan="3"></td><td colspan="3"></td></tr>
<tr><td>3</td><td colspan="3">吊顶标高、尺寸、起拱及造型</td><td>6.3.3</td><td colspan="3"></td><td colspan="3"></td><td colspan="3"></td></tr>
<tr><td rowspan="11">一般项目</td><td>4</td><td colspan="3">饰面板观感质量</td><td>6.3.4</td><td colspan="3"></td><td colspan="3"></td><td colspan="3"></td></tr>
<tr><td>5</td><td colspan="3">器具与饰面板的交接</td><td>6.3.5</td><td colspan="3"></td><td colspan="3"></td><td colspan="3"></td></tr>
<tr><td rowspan="9">6</td><td rowspan="9">装配式吊顶的允许偏差/mm</td><td rowspan="3">纸面石膏板</td><td>表面平整度</td><td>3.0</td><td></td><td></td><td></td><td></td><td></td><td></td><td></td><td></td><td></td></tr>
<tr><td>接缝直线度</td><td>3.0</td><td></td><td></td><td></td><td></td><td></td><td></td><td></td><td></td><td></td></tr>
<tr><td>接缝高低差</td><td>1.0</td><td></td><td></td><td></td><td></td><td></td><td></td><td></td><td></td><td></td></tr>
<tr><td rowspan="3">金属板</td><td>表面平整度</td><td>2.0</td><td></td><td></td><td></td><td></td><td></td><td></td><td></td><td></td><td></td></tr>
<tr><td>接缝直线度</td><td>1.5</td><td></td><td></td><td></td><td></td><td></td><td></td><td></td><td></td><td></td></tr>
<tr><td>接缝高低差</td><td>1.0</td><td></td><td></td><td></td><td></td><td></td><td></td><td></td><td></td><td></td></tr>
<tr><td rowspan="3">木板、人造木板</td><td>表面平整度</td><td>2.0</td><td></td><td></td><td></td><td></td><td></td><td></td><td></td><td></td><td></td></tr>
<tr><td>接缝直线度</td><td>3.0</td><td></td><td></td><td></td><td></td><td></td><td></td><td></td><td></td><td></td></tr>
<tr><td>接缝高低差</td><td>1.0</td><td></td><td></td><td></td><td></td><td></td><td></td><td></td><td></td><td></td></tr>
<tr><td colspan="4">验收结论</td><td colspan="11"></td></tr>
<tr><td colspan="4">专业承包单位</td><td colspan="4">总承包单位</td><td colspan="7">监理单位</td></tr>
<tr><td colspan="4">项目负责人：

(公章)
年 月 日</td><td colspan="4">项目负责人：

(公章)
年 月 日</td><td colspan="7">总监理工程师：

(公章)
年 月 日</td></tr>
</table>

2. 装配式地面质量验收记录(表 3-2-3)

表 3-2-3 装配式地面质量验收记录

单位(子单位)工程名称		分部(子分部)工程名称		分项工程名称	
总承包单位		项目经理		检验批容量	
专业承包单位		项目经理		检验批部位	
施工依据		验收依据	《居住建筑装配式内装工程技术标准》标准号、年号		

验收内容					质量标准	最小/实际抽样数量	检查记录	检查结果
主控项目	1	装配式地面材料材质			6.4.1			
	2	架空层的防水措施			6.4.2			
	3	装配式地面面层安装			6.4.3			
	4	地面墙体伸缩缝隙			6.4.4			
	5	有排水要求的面层与相邻面层的高差及坡度			6.4.5			
一般项目	6	地面面层观感质量			6.4.6			
	7	地面与其他面层连接观感质量			6.4.7			
	8	踢脚板安装的观感质量			6.4.8			
	9	装配式地面面层的允许偏差/mm	木、竹、地砖	表面平整度	2.0			
				接缝高低差	0.5			
				表面格缝平直	2.0			
				板块间隙宽度	0.5			
				踢脚线上口平直	2.0			
				踢脚线与面层接缝	1.0			
			石材	表面平整度	1.0			
				接缝高低差	0.5			
				表面格缝平直	2.0			
				板块间隙宽度	0.5			
				踢脚线上口平直	2.0			
				踢脚线与面层接缝	1.0			
验收结论								

专业承包单位	总承包单位	监理单位
项目负责人: (公章) 年 月 日	项目负责人: (公章) 年 月 日	总监理工程师: (公章) 年 月 日

3. 集成式厨房质量验收记录(表 3-2-4)

表 3-2-4　装配式厨房质量验收记录

<table>
<tr><td colspan="2">单位(子单位)
工程名称</td><td></td><td>分部(子分部)
工程名称</td><td></td><td colspan="2">分项工程名称</td><td></td></tr>
<tr><td colspan="2">总承包单位</td><td></td><td>项目经理</td><td></td><td colspan="2">检验批容量</td><td></td></tr>
<tr><td colspan="2">专业承包单位</td><td></td><td>项目经理</td><td></td><td colspan="2">检验批部位</td><td></td></tr>
<tr><td colspan="2">施工依据</td><td colspan="2"></td><td>验收依据</td><td colspan="3">《居住建筑装配式内装工程技术标准》标准号、年号</td></tr>
<tr><td colspan="4">验收内容</td><td>质量标准</td><td>最小/实际抽样数量</td><td>检查记录</td><td>检查结果</td></tr>
<tr><td rowspan="5">主控项目</td><td>1</td><td colspan="2">围护部品的安装</td><td>6.5.1</td><td></td><td></td><td></td></tr>
<tr><td>2</td><td colspan="2">橱柜的安装</td><td>6.5.2</td><td></td><td></td><td></td></tr>
<tr><td>3</td><td colspan="2">厨房设备设施安装</td><td>6.5.3</td><td></td><td></td><td></td></tr>
<tr><td>4</td><td colspan="2">吊装加强措施</td><td>6.5.4</td><td></td><td></td><td></td></tr>
<tr><td>5</td><td colspan="2">户内燃气具的安装</td><td>6.5.5</td><td></td><td></td><td></td></tr>
<tr><td rowspan="15">一般项目</td><td>6</td><td colspan="2">各界面观感质量</td><td>6.5.6</td><td></td><td></td><td></td></tr>
<tr><td>7</td><td colspan="2">橱柜与空间的公差</td><td>6.5.7</td><td></td><td></td><td></td></tr>
<tr><td rowspan="9">8</td><td rowspan="9">橱柜安装的允许偏差 /mm</td><td>橱柜外形尺寸</td><td>±1.0</td><td></td><td></td><td></td></tr>
<tr><td>橱柜对角线长度之差</td><td>3.0</td><td></td><td></td><td></td></tr>
<tr><td>橱柜立面垂直度</td><td>2.0</td><td></td><td></td><td></td></tr>
<tr><td>橱柜部件相邻表面高差</td><td>1.0</td><td></td><td></td><td></td></tr>
<tr><td>橱柜门与框架平行度</td><td>2.0</td><td></td><td></td><td></td></tr>
<tr><td>相邻棚柜层错位、面错位</td><td>1.0</td><td></td><td></td><td></td></tr>
<tr><td>部件拼角缝隙高差</td><td>0.5</td><td></td><td></td><td></td></tr>
<tr><td>台面高度</td><td>10.0</td><td></td><td></td><td></td></tr>
<tr><td>嵌式灶具中心线与吸油烟机中心线偏移</td><td>20.0</td><td></td><td></td><td></td></tr>
<tr><td rowspan="4">9</td><td rowspan="4">橱柜安装的留缝限值/mm</td><td>部件拼角缝隙宽度</td><td>0.5</td><td></td><td></td><td></td></tr>
<tr><td>橱柜门与柜体缝隙宽度</td><td>2.0</td><td></td><td></td><td></td></tr>
<tr><td>后挡水与墙面缝隙宽度</td><td>2.0</td><td></td><td></td><td></td></tr>
<tr><td>灶具离墙间距</td><td>200.0</td><td></td><td></td><td></td></tr>
<tr><td colspan="3">验收结论</td><td colspan="5"></td></tr>
<tr><td colspan="3">专业承包单位</td><td colspan="3">总承包单位</td><td colspan="2">监理单位</td></tr>
<tr><td colspan="3">项目负责人：

（公章）
年　月　日</td><td colspan="3">项目负责人：

（公章）
年　月　日</td><td colspan="2">总监理工程师：

（公章）
年　月　日</td></tr>
</table>

【相关知识】

∵ 其他内装部品成品安装验收 ∵

1. 窗帘盒

(1)窗帘盒(图 3-2-1)制作与安装所使用材料的材质和规格、木材的阻燃性能等级和含水率、人造木板的甲醛含量应符合设计要求及国家现行标准的有关规定。

(2)窗帘盒的造型、规格、尺寸、安装位置和固定方法必须符合设计要求。窗帘盒的安装必须牢固。

(3)窗帘盒配件的品种、规格应符合设计要求,安装应牢固。

(4)窗帘盒表面应平整、洁净、线条顺直、接缝严密、纹理一致,不得有裂缝、翘曲及损坏。

(5)窗帘盒与墙面、窗框的衔接应严密,密填充胶应顺直、光滑。

(6)窗帘盒安装的允许偏差和检验方法如表 3-2-5 所示。

图 3-2-1　窗帘盒

表 3-2-5　窗帘盒安装的允许偏差和检验方法

项次	项目	允许偏差/mm	检验方法
1	水平度	2	用 1 m 水平尺和塞尺检查
2	上口、下口直线度	3	拉 5 m 线,不足 5 m 拉通线,用钢直尺检查
3	两端距离洞口长度差	2	用钢尺检查
4	两端出墙厚度差	3	用钢尺检查

2. 橱柜

(1)橱柜(图 3-2-2)制作与安装所用材料的材质和规格、木材的阻燃性能和含水率、花岗石的放射性及人造木板的甲醛含量应符合设计要求及国家现行标准的有关规定。

(2)橱柜安装预埋件或后置埋件的数量、规格、位置符合设计要求。

(3)橱柜的造型、尺寸、安装位置、制作和固定方法应符合设计要求。配件齐全,安装应牢固。

(4)橱柜的抽屉和柜门开灵活,回位正确。

(5)橱柜表面平整、洁净、色泽一致,不得有裂纹、翘曲及损坏。

(6)橱柜的裁口顺直、拼缝严密。

(7)橱柜安装的允许偏差和检验方法如表 3-2-6 所示。

图 3-2-2 橱柜

表 3-2-6 橱柜安装的允许偏差和检验方法

项次	项目	允许偏差/mm	检验方法
1	外形尺寸	3	用钢尺检查
2	立面垂直度	2	用 1 m 垂直检测尺检查
3	门与框架的平行度	2	用钢尺检查

3. 栏杆扶手

(1)栏杆扶手(图 3-2-3)制作与安装所使用材料的材质、规格、数量和木材、塑料的燃烧性能等级应符合设计要求。

(2)栏杆扶手的造型、尺寸及安装位置应符合设计要求。

(3)栏杆扶手安装预埋件的数量、规格、位置以及护栏与预埋件的连接节点应符合设计要求。

(4)护栏高度、栏杆间距、安装位置应符合设计要求。护栏安装应牢固。

(5)栏板玻璃的使用应符合设计要求和现行行业标准《建筑玻璃应用技术规程》(JGJ 113)的规定。

(6)栏杆扶手转角弧度应符合设计要求,接缝应严密,表面应光滑,色泽应一致,不得有裂缝、翘曲及损坏。

(7)护栏和扶手安装的允许偏差和检验方法如表 3-2-7 所示。

图 3-2-3 栏杆扶手

表 3-2-7　护栏和扶手安装的允许偏差和检验方法

项次	项目	允许偏差/mm	检验方法
1	护栏垂直度	3	用 1 m 垂直检测尺检查
2	栏杆间距	0,−6	用钢尺检查
3	扶手直线度	4	拉通线,用钢直尺检查
4	扶手高度	+6,0	用钢尺检查

【问题与讨论】

1. 装配式内装修工程质量验收的检验单元怎么划分?
2. 简述装配式楼地面系统验收要求。
3. 集成式卫生间安装质量不满足要求时,应按什么规定进行处理?

任务二　设备与管线安装验收

一、知识目标

1. 了解设备与管线安装验收的规定;
2. 掌握设备与管线安装验收的要点;
3. 学会设备与管线安装验收的注意事项。

二、能力目标

学生能够进行设备与管线安装的验收工作。

三、素质目标

1. 通过任务引领的项目化教学,培养学生综合分析问题的能力及严谨细致的工作态度;
2. 通过拓展知识训练,培养学生自主学习意识和自学能力;
3. 开展小组教学,培养学生的团结、合作精神。

【案例背景】

海南海口市某酒店,毗邻海南省政府,交通便利,紧邻日月广场免税店,休闲购物极为方便,地理位置极佳。但是由于经营年限久远,酒店设施年久失修,老化受损,尤其是卫生间等区域,漏水受潮严重,影响住客体验。因此,酒店近几年的经营每况愈下。

采用装配式装修方式进行翻新,无需全部拆除,不仅大大缩短工期,减少建筑垃圾的产生,还可以实现不停业改造。

该项目技术员张工需要结合施工及验收规范的要求完成设备与管线安装验收任务。

【案例背景】

当设备与管线进场时应检查封样样品、性能检测报告和产品合格证,并按要求进行抽查和复检。

设备与管线施工过程中应进行隐蔽工程验收，并形成过程验收文件及影像记录。

检验批的质量验收应符合下列规定：

(1)主控项目应全部符合规定；

(2)一般项目应控制在80%以上符合要求，其余样本不得有影响使用功能或明显影响装修效果的缺陷，允许偏差的检验项目最大偏差不得超过规定的允许偏差范围的1.5倍。

当设备与管线验收时，应检查下列文件和记录：

(1)装修工程的施工图及其他设计文件；

(2)部品部件的产品合格证、检验报告、进场检查记录和复检报告；

(3)隐蔽工程验收记录；

(4)施工检查记录。

当装配式设备与管线验收时，宜建立使用者联合验收监督机制，提供验收方法，配合使用者参与验收。装配式装修工程的防火性能应符合现行国家标准《建筑内部装修防火施工及验收规范》(GB 50354)的有关规定，隔声性能应符合现行国家标准《民用建筑隔声设计规范》(GB 50118)的有关规定。

装配式装修的工程质量验收应符合现行国家标准《建筑装饰装修工程质量验收标准》(GB 50210)的有关规定。

【项目实施】

一、任务下达

设备与管线检验批划分可依据《建筑工程施工质量验收统一标准》(GB 50300)及相关专业施工质量验收规范进行。

装配式混凝土建筑中涉及建筑给水排水及供暖、通风与空调、建筑电气、智能建筑、建筑节能、电梯等安装的施工质量验收应按其对应的分部工程进行验收。

设备与管线安装中的隐蔽工程施工过程影像记录应包括隐蔽工程每一道工序施工前状态、施工进行过程(关键步骤)和施工完成三个阶段的照片或录像文件，并与隐蔽工程纪录共同归档；如有条件，可上传至工程所在地工程监管平台服务器。

给水排水及供暖工程的分部工程、分项工程、检验批质量验收等应符合现行国家标准《建筑给水排水及采暖工程施工质量验收规范》(GB 50242)的有关规定。

电气工程的分部工程、分项工程、检验批质量验收等应符合现行国家标准《建筑电气工程施工质量验收规范》(GB 50303)及《火灾自动报警系统施工及验收规范》(GB 50166)的有关规定。

通风与空调工程的分部工程、分项工程、检验批质量验收等应符合现行国家标准《通风与空调工程施工质量验收规范》(GB 50243)的有关规定。

智能建筑的分部工程、分项工程、检验批质量验收等应符合现行国家标准《智能建筑工程质量验收规范》(GB 50339)的有关规定。

二、任务实施

(一)给水排水及供暖工程

(1)室内给水管道的品种、材质、规格等应符合设计要求，并应符合下列规定：

①各配水点位置正确，冷、热水出水口左热右冷，中心间距为150 mm，管道与管件连接处应采用管卡固定牢固，接口严密、无渗漏；

②当给水管道采用集分水器时，分水器至各卫生器具和配水点的分支管道中间均不应有接头。

检验方法：观察、尺量、手扳检查，查看设计文件。检查隐蔽验收记录。

(2)室内给水管道的消毒及通水试验应符合《建筑给水排水及采暖工程施工质量验收规范》(GB 50242)要求。

检验方法：观察、通水试验。

(3)室内排水管道及管件的品种、材质、规格应符合设计要求。管位、标高和坡度应符合设计要求，排水横管不得无坡度或倒坡。

检验方法：观察。

(4)安装于同一吊顶或架空地板内的管线有交叉时，应遵循电气管线在给、排水管道之上，冷、热水管道在排水管道之上。

检验方法：观察。

(5)管道及配件表面应洁净、无损伤。

检验方法：观察。

(6)在吊顶或楼地面架空层内的给、排水管道隔声减噪和防结露等措施应符合设计要求。

检验方法：观察。

(7)采用干式工法低温辐射供暖系统应符合下列要求：

①基层所用材料的品种、规格、主要技术指标及燃烧性能等应符合设计要求和国家现行相关标准的规定；

②地暖模块与楼地面连接应牢固，无松动；

③分水器、集水器(含连接件等)型号、规格、公称压力及安装位置应符合设计要求，并有产品商标或标识；

④分水器、集水器分支环路数、管道材质及管径应符合设计要求，且每一个分支环路应由一根完整的管段铺设而成，敷设于地暖模块内管道不应有接头，地暖加热管弯曲部分曲率半径不应小于管道外径的8倍；

⑤分水器、集水器的总进出水管材质、管径、阀门、过滤器、温控阀、泄水阀及总出水管之间的旁通管的设置应符合设计要求。

检验方法：进场复验，查看检测报告、观察、尺量检查。

(8)供暖温度控制装置(室内温度控制)和温控器选型及安装位置应符合设计要求。温控器附近应无散热体、遮挡物。安装应平整，无损伤，运行正常。

检验方法：观察。

(9)地暖模块应排列整齐，接缝均匀，周边顺直，面层平整，走动无异响，平整度允许偏差为3 mm。

检验方法：目测检查，尺量检查、行走检查。

(二)通风空调及燃气工程

(1)厨房、卫生间排烟气道的防火与止回阀功能应符合设计要求。安装方向应正确，四周密封严密；防火与止回部件的产品标识，阀片应启闭灵活，回位正确。

检验方法：观察、检查启闭灵敏度。

(2)新风(换气)机的种类、规格、技术性能及安装位置应符合设计要求,其安装应牢固,减振隔振措施齐全;运行无异响,噪声应符合设计要求。

检验方法:观察、试运行检查。

(3)风管安装应符合下列要求:

①风管的材料、规格及风管走向应符合设计要求,并应可靠固定;

②风管与新风分配器和新风口的连接处应严密、可靠,柔性风管不应扭曲、塌陷。

检验方法:观察。

(4)多联空调机组系统的室内、室外机组的性能、技术参数、安装位置及高度应符合设计要求。

检查方法:观察。

(5)风机盘管的安装位置应正确,吊装的室内机底座应采用双螺母固定,固定牢固。室内机送风口与装饰风口应采用软接连接,并连接可靠。设备的检修措施符合设计要求。

检查方法:观察,且手动操作检查。

(6)空调系统应符合下列规定:

①室内风口平整,表面无划伤、缺损,与装饰面交界处衔接自然,无明显缝隙,调节应灵活;

②空调送风口与感烟探测器最近边的水平距离不应小于 1.5 m。

检验方法:观察检查。

(三)电气和智能化工程

(1)户内配电箱型号、规格、材质和安装位置应符合设计要求。总开关及各回路的保护电器规格、参数应符合设计要求。

检验方法:观察。

(2)户内配电箱内接线应符合下列要求:

①户内配电箱应有可靠的防电击保护措施。

②各用电回路的导线型号、规格(截面积)、绝缘层颜色(色标)及回路编号应正确。导线无铰接现象,不伤线芯,连接应紧密。多芯线不应断股,与插接式端子连接端部应拧紧、烫锡。

③同一电器器件端子上的导线连接不应多于 2 根,截面积应相同,防松垫圈等零件应齐全。

④中性线(N)和保护接地线(PE)应经汇流排连接,不同回路的中性线或护接地线不应连接在汇流排同一端子上。

检验方法:观察、旋紧检查。

(3)住户(房间)配电箱配出的回路数和电线布线用导管的材质、规格、敷设方式及走向等应符合设计要求,并应符合下列规定:

①敷设在架空层、隔墙夹层、吊顶内的导管或线槽,应采用专用管卡固定在吊杆、龙骨或建筑物上。钢结构建筑吊杆不得现场熔焊在钢架构件上。

②金属导管、塑料导管,管与管、管与盒(箱)体的连接接口应选用配套部件或专用接口,其连接应符合相关产品技术文件要求;导管与导管、导管与盒(箱)体接口应牢固密封。

③采用套接紧定式导管(JDG)时,连接处(位置)紧钉丝齐全,且应拧紧钉丝至螺帽自动脱断。

④JDG 导管末端与灯具盒、开关盒、插座盒及接线盒等采用可弯曲金属导管或柔性导管过渡时,JDG 导管与金属柔性导管连接应选用配套部件,且金属柔性导管不应做保护导体的接续导体。

⑤对于暗配的导管经过空腔层与终端线盒连接时,此段宜采用可弯曲金属导管或柔性导

管敷设。骨架隔墙上的线盒应固定牢固,线盒沿口与完成面平齐。

检验方法:观察,检查隐蔽验收记录。

(4)末端配电箱配出各配线回路的绝缘导线的型号、规格应符合设计要求,并应符合下列规定:

①绝缘导线的分线、接线应在开关盒、插座盒、接线盒或器具内完成,不得设置在导管和槽盒内。

②绝缘导线分线接头应采用导线连接器连接,且导线截面相应与导线连接器匹配;绝缘导线分线接头采用缠绕搪锡连接时,连接头应采取可靠绝缘措施。

③安装在装饰面上的开关、插座及灯具,其绝缘导线不得裸露在装饰层内。

检验方法:观察,检查隐蔽验收记录。

(5)灯具品种、参数应符合设计要求,安装位置正确,牢固可靠,严禁使用木楔、尼龙胀管或塑料胀管固定。

检验方法:观察。

(6)Ⅰ类灯具外露可导电部分必须采用铜芯软导线与保护导体可靠连接,连接处应设置接地标识,铜芯软导线的截面积应与进入灯具的电源线截面积相同。

检验方法:观察、感应电笔检查。

(7)灯具与感烟探测器、喷头、可燃物之间的安全距离应符合设计要求。可燃装饰面不宜安装嵌入式射灯、点光源等高温灯具。

检验方法:观察。

(8)套内配电箱箱盖应安装端正,紧贴墙面,涂层完整,无污损。箱内配线应整齐。

检验方法:观察。

(9)敷设在架空层、隔墙夹层、吊顶内的导管应排列整齐、固定点间距均匀。

检验方法:观察。

(10)照明开关、室内温控开关安装位置应便于操作,相同型号并列安装及同一室内开关安装高度一致,开关边缘距门框(或口)边 150～200 mm。

检验方法:观察。

(11)家居配线箱规格、型号及安装位置应符合设计要求。部件齐全,安装牢固。线缆接线牢固,排线规整,标识清晰。

检验方法:观察。

(12)电话插座、信息插座、电视插座型号、规格、安装位置和数量应符合设计要求。线缆与电话插座、信息插座、电视插座连接正确、可靠。

检验方法:观察。

(13)对讲系统室内机的功能、安装位置应符合设计要求。对讲系统语音、图像应清晰,并与管理机联动正常。对讲系统室内机操作应正常,动作准确可靠。

检验方法:观察、操作检查。

(14)户内报警控制系统的功能、安装位置应符合设计要求。布撤防、报警和显示记录等功能应准确可靠。

检验方法:观察、操作检查。

(15)可燃气体泄漏报警探测器的安装位置应符合设计要求。

检验方法:观察。

(16)智能家居系统的功能、安装位置应符合设计要求。

检验方法：观察。

(17)智能家居控制系统对户内受控设施、设备的控制动作应准确可靠。

检验方法：操作检查。

三、实施成果

1. 设备与管线安装验收检查的文件及记录

(1)完整的施工图纸及相关设计文件；

(2)BIM 和相关电子化文件（可选）；

(3)满足设计要求的部品性能检测报告；

(4)产品质量合格证书和进场验收记录；

(5)所选用材料的复验报告；

(6)如工程中采用了首次使用的新技术、新工艺、新材料和新设备时，应提交相应的评审报告；

(7)安全与环保专项方案；

(8)各项安装施工检查记录。

2. 设备与管线质量验收记录(表 3-2-8)

表 3-2-8　给排水及供暖工程质量验收记录

<table>
<tr><td colspan="2">单位(子单位)工程名称</td><td></td><td>分部(子分部)工程名称</td><td colspan="2"></td><td>分项工程名称</td><td colspan="2"></td></tr>
<tr><td colspan="2">总承包单位</td><td></td><td>项目经理</td><td colspan="2"></td><td>检验批容量</td><td colspan="2"></td></tr>
<tr><td colspan="2">专业承包单位</td><td></td><td>项目经理</td><td colspan="2"></td><td>检验批部位</td><td colspan="2"></td></tr>
<tr><td colspan="2">施工依据</td><td colspan="2"></td><td>验收依据</td><td colspan="4">《居住建筑装配式内装工程技术标准》标准号、年号</td></tr>
<tr><td colspan="4">验收内容</td><td>质量标准</td><td colspan="2">最小/实际抽样数量</td><td>检查记录</td><td>检查结果</td></tr>
<tr><td rowspan="6">主控项目</td><td>1</td><td colspan="2">室内给水管道安装</td><td>6.9.1</td><td colspan="2"></td><td></td><td></td></tr>
<tr><td>2</td><td colspan="2">冷、热水管道水压试验</td><td>6.9.2</td><td colspan="2"></td><td></td><td></td></tr>
<tr><td>3</td><td colspan="2">室内给水管道的消毒及通水试验</td><td>6.9.3</td><td colspan="2"></td><td></td><td></td></tr>
<tr><td>4</td><td colspan="2">室内排水管道的安装</td><td>6.9.4</td><td colspan="2"></td><td></td><td></td></tr>
<tr><td>5</td><td colspan="2">排水管道灌水密封性试验</td><td>6.9.5</td><td colspan="2"></td><td></td><td></td></tr>
<tr><td>6</td><td colspan="2">管线交叉要求</td><td>6.9.6</td><td colspan="2"></td><td></td><td></td></tr>
<tr><td rowspan="3">一般项目</td><td>7</td><td colspan="2">管道及配件外观质量</td><td>6.9.7</td><td colspan="2"></td><td></td><td></td></tr>
<tr><td>8</td><td colspan="2">套管及封堵</td><td>6.9.8</td><td colspan="2"></td><td></td><td></td></tr>
<tr><td>9</td><td colspan="2">管道防腐蚀、隔声减噪和防结露等措施</td><td>6.9.9</td><td colspan="2"></td><td></td><td></td></tr>
<tr><td colspan="3">验收结论</td><td colspan="6"></td></tr>
<tr><td colspan="3">专业承包单位</td><td colspan="3">总承包单位</td><td colspan="3">监理单位</td></tr>
<tr><td colspan="3">项目负责人：
（公章）
年　月　日</td><td colspan="3">项目负责人：
（公章）
年　月　日</td><td colspan="3">总监理工程师：
（公章）
年　月　日</td></tr>
</table>

表 3-2-9　通风空调及燃气工程质量验收记录

单位(子单位)工程名称			分部(子分部)工程名称		分项工程名称		
总承包单位			项目经理		检验批容量		
专业承包单位			项目经理		检验批部位		
施工依据				验收依据	《居住建筑装配式内装工程技术标准》标准号、年号		
验收内容				质量标准	最小/实际抽样数量	检查记录	检查结果
主控项目	1	防火与止回阀安装		6.9.25			
	2	新风（换气）机选型		6.9.26			
	3	风管安装		6.9.27			
	4	风管穿出外墙孔洞要求		6.9.28			
一般项目	5	新风（换气）系统安装		6.9.29			
验收结论							
专业承包单位			总承包单位		监理单位		
项目负责人： （公章） 年　月　日			项目负责人： （公章） 年　月　日		总监理工程师： （公章） 年　月　日		

表 3-2-10　电气和智能化工程质量验收记录

单位(子单位)工程名称			分部(子分部)工程名称		分项工程名称		
总承包单位			项目经理		检验批容量		
专业承包单位			项目经理		检验批部位		
施工依据				验收依据	《居住建筑装配式内装工程技术标准》标准号、年号		
验收内容				质量标准	最小/实际抽样数量	检查记录	检查结果
主控项目	1	家居配线箱选型及安装		6.9.55			
	2	电话、信息、电视插座选型及安装		6.9.56			
	3	对讲系统室内机安装		6.9.57			
	4	户内报警控制系统要求		6.9.58			
	5	可燃气体泄漏报警探测器的安装		6.9.59			
	6	智能家居系统的选型及安装		6.9.60			
	7	户内受控系统控制动作试验		6.9.61			

续表3-2-10

一般项目	8	户内受控系统外观要求	6.9.62			
	9	智能家居控制器外观要求	6.9.63			
	10	家居配线箱外观要求	6.9.64			
	11	电话、信息、电视插座面板外观要求	6.9.65			
验收结论						

专业承包单位	总承包单位	监理单位
项目负责人： （公章） 年　月　日	项目负责人： （公章） 年　月　日	总监理工程师： （公章） 年　月　日

【相关知识】

❖ 装配式内装修的使用与维护 ❖

装配式内装修工程的质量保修期限不应低于5年，缺陷责任期宜为2年。装配式装修工程使用维护过程应采用建筑信息模型（BIM），应在维护过程中对BIM进行补充完善。

装配式内装修工程的项目建设单位应提供包括装配式内装修工程专项在内的《房屋建筑室内装修质量保证书》，其内容应注明相关内装部品质量保修范围、保修期限、保修责任、保修承诺、报修及处理要求。

《房屋建筑室内装修质量保证书》应包含下列内容：

(1)装配式装修基本概况。

(2)质量保修期的起算日期。

(3)质量保修期内维保范围、维保期限、维保承诺。

(4)装配式装修使用、维保注意事项。

(5)编制部品、管线及配件型号的关键参数备忘录，方便后期维修更换时采购部品部件。

装配式内装修工程的项目建设单位，应提供包括装配式内装修工程专项在内的《建筑使用说明书》，并宜按套内部位和公共部位分别编制。

《建筑使用说明书》中装配式内装修工程专项的户内部位内容，除应按现行有关规定执行外，尚应包含下列内容：

(1)使用注意事项，二次装修、改造的注意事项，并应包含被允许及被禁止的事项。

(2)内装部品的做法、部品寿命、使用说明等，并宜提供构造做法简图。

(3)设备与管线的组成、材料特性及规格、部品部件的使用寿命、使用说明等，并宜提供主要部件的安装简图。

(4)主要内装部品、设备与管线的《日常检查维护方法》。

《建筑使用说明书》中户内部位的使用、二次装修和改造注意事项除应按现行有关规定执行外，尚应包含下列内容：

(1)应对承重结构的位置进行标识，住户在使用、二次装修和改造中，不应对承重结构造成损害。

(2)应对检修口的位置进行标识。

(3)应对轻质隔墙的位置进行标识，并应对轻质隔墙的加固范围、位置和可悬挂重量进行标识，便于住户在轻质隔墙上固定设备、装饰品等。

(4)应对住宅的“干区”“湿区”进行标识，提示住户在干区不应进行可能造成液体渗漏的活动，并对容易形成水渍、油污的部位进行提示。

(5)可提供1种以上的空间改造方式，指导住户在未来进行合理的改造。

《建筑使用说明书》中装配式内装修工程专项的公共部位编制内容，除应按现行有关规定执行外，尚应包含下列内容：

(1)使用注意事项，并应包含被允许及被禁止的事项。

(2)公共部位主要内装部品的做法、部品寿命、使用说明等，并宜提供构造做法简图。

(3)公共部位及其公共设施设备与管线的组成、材料特性及规格、部品部件的使用寿命、使用说明等，并宜提供主要部件的安装简图。

(4)公共部位主要内装部品、设备与管线的《检查与维护更新计划》。

《房屋建筑室内装修使用说明书》应包含下列主要内容：

(1)业主自行维护保养内容和专业技术人员维修维护内容。

(2)装配式装修集成设计技术目录。

(3)提供装配式吊顶、装配式隔墙、装配式楼地面等部品部件材质、性能、承载力及必要的构造简图，并备注禁止事项。

(4)提供管线走向图，明确管线保护区范围，在此范围内严禁钉挂；当使用高温、明火等设备用品时，应严格遵守装修设计图中标注的安全距离。

(5)集成式厨房和集成式卫生间在使用说明书中应附原生产厂家完整的安装说明书、使用说明书等；使用过程中严禁自行开洞、增补和钉挂部品。

装配式内装修的全套施工图纸应在相关管理运营机构或物业机构进行备份，为后期维护、更新提供条件。

使用维护宜采用信息化手段，建立内装部品、设备与管线等的管理档案。当遇地震、火灾等灾害时，灾后应对内装进行检查，并视破损程度进行维修。

【问题与讨论】

1. 设备与管线的检验批的质量验收应符合哪些规定？
2. 设备与管线安装中的隐蔽工程施工应注意哪些事项？
3. 设备与管线安装验收应检查哪些文件及记录？

项目四　装配式混凝土建筑成本及信息化

子项目一　装配式混凝土建筑成本管理与控制

一、知识目标

1. 掌握装配式混凝土建筑成本的构成；
2. 了解装配式混凝土建筑与传统现浇式建筑的成本比较。

二、能力目标

学生能够进行装配式混凝土建筑各环节成本分析。

三、素质目标

1. 通过任务引领的项目化教学，培养学生综合分析问题的能力及严谨细致的工作态度；
2. 通过拓展知识训练，培养学生自主学习的意识和能力；
3. 开展小组教学，培养学生的团结、合作精神。

【案例描述】

宇辉集团近年来一直致力于预制装配整体式体系的研究与实践，并取得了一定的研究成果及工程实践经验。选择结构形式相同，现场管理水平相同，施工时间相近，同为宇辉集团建造的，建造方式不同的新新怡园 36＃工程（现浇整体式）与新新怡园 4＃、5＃工程（预制装配整体式）的建造成本构成进行对比分析。工程概况对比见表 4-1-1。

表 4-1-1　工程概况对比

内容	工程项目	
	新新怡园 36＃工程	新新怡园 4＃、5＃工程
结构形式	剪力墙	剪力墙
施工方式	现浇整体式	预制装配整体式

续表4-1-1

内容	工程项目	
	新新怡园 36＃工程	新新怡园 4＃、5＃工程
建筑面积/m^2	27 343.99	30 295.63
标准层层高/m	3(2～28 层)	3(4～28 层)
4～28 层建筑面积/m^2	23 451.12	19 821.31
4～28 层施工时间	2010 年 7 月至 2011 年 5 月	2011 年 3～7 月
4～28 层工期/天	163 天	106 天
预制率	—	70.42%(45.62%)

【案例背景】

装配式混凝土剪力墙结构成本主要由直接费(含预制构件生产费、运输费、安装费、措施费)、间接费、利润、规费和税金组成。

装配式混凝土剪力墙结构与现浇整体式施工模式在成本构成上存在一定差别，主要包括以下几个方面：

(1)预制构件生产费：主要包括生产费(人工费和水电消耗)、材料费(运输费、模具费、摊销费)、利润、税金(预制构件厂按税法缴纳的税金，而非建安税金)等。

(2)预制构件安装费：主要包括安装人工费、材料费(专用工具摊销、灌浆料，含部分现场现浇施工的人、材、机等费用)、垂直运输费(机械增加费)。

(3)场地增加费：施工现场应有足够的预制构件堆场，现场运输道路应平整，并应满足承载力要求。与现浇整体式施工模式相比，施工现场须增加硬化面积，产生相应的增加费用。

【项目实施】

一、任务下达

随着新时代工业技术的创新，装配式建设工程在各级政府的关注下迅猛发展起来，而由于现阶段装配式建筑正处于发展初期，其产业化水平不高，装配式建筑构件厂商较少，使得生产成本和运输费用较高，现实情况下，装配式建筑增量成本与社会环境保护效益是否相匹配，如何提升综合效益成为当前装配式建设工程的主要发展方向。本节采用增量成本法对装配式建筑成本、社会环境效益方面进行分析，并用实例对其进行验证，论述装配式建筑具有良好的综合效益。

装配式混凝土建筑的建安成本与传统现浇式建筑的比较：

(1)抗震设防等级 6～8 度、预制率 30%以上的装配式混凝土建筑，比传统现浇方式的建安成本增加 200～500 元/m^2。部分增量成本较大的项目多为规模较小的实验性工程，部分预制率较低的项目增量成本约为 150 元/m^2。

(2)装配式混凝土建筑与现浇混凝土建筑相比，建安成本各部分有增有减。现浇混凝土建筑减少部分主要包括钢筋工程、混凝土工程、砌筑工程、抹灰工程的支出以及措施费等，装配式混凝土建筑增加部分主要包括预制构件生产、运输、吊装费用，以及墙板、楼板拼缝处理费等。

(3)当前装配式混凝土建筑增量成本较高的原因在于规模化优势尚未充分发挥,导致增项部分超出合理范围,减项部分减少不明显。具体原因包括预制构件价格过高、标准化程度低、设计生产施工环节脱节、管理经验不足、产业工人缺乏等。

(4)除建安部分外,装配式建筑的设计费、造价咨询费、工程监理费也有所增加。

(5)建筑体型越复杂,预制构件种类越多,成本越高。必须以工业化和标准化的思维进行装配式建筑系统设计才能提高构件的标准化程度,进而降低成本,要彻底消除"拆分"做法(少规格、多组合的原则)。

(6)目前国内大部分建筑的设计、生产与施工各环节脱节现象严重,不能从项目整体效益最大化出发,造成装配式建造方式的优势不能充分发挥,甚至引发成本增加、工期延长等问题。根本原因在于没有推行设计、生产、施工一体化的工程总承包模式,传统的生产方式和建设模式亟需创新突破。

(7)有效降低增量成本的措施包括实现预制构件规模化生产、加大政策扶持力度、推广工程总承包模式、推行住宅全装修、建立产业工人队伍、逐步减少人工费用等。

二、任务实施

装配式混凝土建筑与现浇混凝土建筑比较,在设计、制作、运输、施工和业主项目管理各个环节,成本均发生变化。

1. 设计环节成本分析

(1)装配式混凝土建筑的设计必须深入、细化,各专业的设计都要集中汇总到构件图上,因此增加了设计工作量。

(2)无论是否精装修,装配式混凝土结构建筑必须考虑装修对预制构件的要求,装配式混凝土结构建筑不可能交付后再砸墙装修,需要的预埋件等都必须在设计中给出,如此把装修设计移到了建筑设计阶段。如果是精装修的建筑,设计成本没有增加;如果是无装修建筑,就相当于增加了设计工作量。

(3)预制构件拆分工作加大了设计工作量。

(4)对预制构件脱模、存放和吊装的复核计算增加了工作量。

(5)装配式混凝土建筑设计应当一个构件一张(或一组)制作图,不能让工厂人员自己从各专业各个环节图样中去"找"技术指令。日本装配式混凝土结构建筑都是一件一图,不易出错,工人安装非常方便。但是,如此会增加设计工作量。

装配式混凝土建筑设计环节增加的工作量与建筑结构形式、装配率、造型复杂程度等因素有关,占比为20%～30%。

2. 预制构件制作环节成本分析

(1)如果构件造型简单,模具周转次数多,可能比现场模具费用减少;如果模具周转次数少,成本增加。

(2)养护成本增加,但混凝土质量大幅度提高。

(3)工厂厂房与设备摊销费用增加。

(4)工厂自己制备混凝土费用增加。

(5)用水量等费用增加。

(6)劳动力费用增加。

(7)现场存放设施费用增加。

(8)包装费用增加。

装配式混凝土建筑在预制构件制作环节上和现浇混凝土建筑的对比,都是增加的费用。

3. 预制构件运输环节成本分析

(1)构件本身运输车辆费用增加。

(2)构件运输的专用吊具、托架等费用增加。

(3)构件吊装需要大吨位起重机的购置费或租赁费分摊费用增加。

(4)模板使用量减少55%,模板运输费用等比例减少。

(5)建筑垃圾排放量最多可减少80%,建筑垃圾运输费用等比例减少。

(6)脚手架用量大大减少,脚手架运输费用等比例减少。

(7)钢筋、模板等吊装量减少,起重机使用频率降低。

(8)混凝土泵送费用大幅度减少。

(9)混凝土罐车2%的挂壁量随着现浇量的减少而等比例减少。

装配式混凝土建筑与现浇混凝土建筑的运输费用相比,有增加有减少,综合运输成本变化不大。

4. 施工安装环节成本分析

(1)人工现场吊装、灌浆作业人工增加;模板、钢筋、浇筑、脚手架人工减少。现场用工大量转移到工厂。如果工厂自动化程度高,总的人工减少,且幅度较大;如果工厂自动化程度低,人工相差不大。

(2)现场工棚、仓库等临时设施减少。

(3)冬期现场施工成本大幅度减少,垃圾及其清运成本大幅度减少。

装配式混凝土建筑的施工安装费用与现浇混凝土建筑的相比,施工安装费用是降低的。

5. 业主项目管理费用成本分析

(1)提前销售,早回收投资。

(2)减少管理费用。

(3)降低银行贷款利息等财务费用。

(4)带来条件的改善,品质的提高,售后维修费用的降低等。

三、实施成果

总体来看,装配式混凝土建筑与现浇混凝土建筑相比较,设计环节成本会提高,制作环节成本也会提高,运输成本相差不大,施工环节成本和业主项目管理成本会降低。

通过对研究样本的增量成本按分项工程对比分析可以发现,装配式建造方式的建造成本相比传统现浇方式的有增有减,因各项目的基本情况不同而差异较大。

以预制夹芯保温外墙板为例,如预制构件厂专门为一栋楼生产,出厂价格约3 500元/m^2,而如能为较大规模的项目供应标准化程度较高的构件,其出厂价格可降到2 400~2 700元/m^2。以某预制率为45%左右的项目为例,该项措施可将建安部分的增量成本由500元/m^2降到200元/m^2。另外,目前国内尚未形成成熟的装配式建筑劳务分包市场,产业工人严重缺乏,导致施工现场的劳动生产率提高不明显。

装配式混凝土建筑成本管理与控制措施如下:

(1)优化设计。

①对于需要预制的部分,应选择易生产、好安装的构造形式,根据对建筑构件的合理拆分,实行构件模块的标准化,尽可能地采用统一模块来减少模块数量;

②利用标准化的模块灵活组合,以满足标准化、模块化的要求,同时合理设计预制构件与现浇连接之间的构造形式,不断优化降低连接处的施工难度。

(2)减少预制构件的种类。

①提高预制构件生产模具的兼容性,降低成本;

②根据深化设计图纸,使各层构件同时并联式生产,满足现场装配需求;

③对生产的预制构件、运输和固定资产等费用合理摊销,控制预制构件的合理成本。

(3)提高运载效率,降低运输费用。

①提高运载效率,减少场外运输和场内二次搬运等费用,降低构件运输成本;

②预埋吊具、安装固定件的采购制作运输及在制作完成后构件所需的养护、储存和装车等,应合理安排施工工序,减少吊装和搬运工作。

(4)降低现场装配费用。

①装配式混凝土剪力墙结构施工应选择功率与负荷相匹配的施工机械设备,机械设备不宜低负荷运行,不宜使用自备电源;

②装配式混凝土剪力墙结构施工现场道路,宜采用永久道路和临时道路相结合的原则布置;

③提高在墙板的斜撑、梁板的鹰架密布的空间内对预制构件连接处安装和浇筑的效率,降低成本;

④提高预制 K 型板与次梁相接处管线安装的效率,降低管线安装费。

(5)结构装饰一体化。考虑外围护结构与装饰层一体化设计,在预制厂一同制作,提高施工效率,取消中间粉刷层,减少工人现场湿作业,降低施工成本。

(6)施工管理。

①以信息化了解工程的现行时,用 BIM 技术知晓工程的将来时,实现下情上达和上命下至,减少不必要的索赔;

②室内的满堂脚手架、墙板的斜撑和梁板的竖撑(鹰架)的位置及彼此的空间,利用 BIM 技术进行完善;

③对预制构件连接处的模板进行优化设计,要求现浇模板成套化、模板支撑简练化和统一化,提高工作效率;

④以流水节拍的形式和空间交叉的方式,实施各工种分段的连续施工和本工种的立体施工,提高时效。

【相关知识】

❖ 装配式混凝土建筑与传统现浇式建筑施工能源消耗对比 ❖

在相同的建筑高度以及相同的建筑工程设计方案之中,采用不同的施工方式所需要的混凝土材料是不同的,而且建筑高度的变化和设计施工方案的选定会对混凝土消耗量产生一定的影响。因此,在进行混凝土消耗量对比过程中,本文选用某建筑工程中同等建筑高度以及相同施工设计方案的建筑为例，对装配式混凝土建筑与传统现浇式建筑之间的施工能耗进行对比。

1. 建筑工程混凝土消耗量

根据实际混凝土施工过程中的数据统计，对于单位面积的混凝土消耗量来说，装配式混凝土建筑的混凝土消耗量较传统现浇式混凝土消耗量高 2.5%左右。即装配式混凝土建筑消耗混凝土量偏大，这部分的混凝土消耗主要来自两个方面：一方面是由于建筑工程设计过程中，对预制外墙的设计采用了夹心保温层，这一部分保温层需要额外的混凝土保护层来进行保护，其一般厚度设置为 50 mm。但在传统的现浇式建筑施工之中，对于外墙保温的施工一般选用砂浆保护层进行保护，厚度设置一般为 10 mm。另一方面，多余的混凝土消耗量来自模板工程，叠合楼板增加了楼板厚度导致混凝土消耗量增加。

2. 建筑工程钢材消耗量

根据实际钢材施工过程中的数据统计，对于单位面积的钢材消耗量来说，装配式混凝土建筑的钢材消耗量较传统现浇式混凝土消耗量高 2.4%左右。即装配式混凝土建筑建设过程中需要消耗更多的钢材，这一部分多消耗的钢材主要来自三个方面：首先，建筑工程施工设计中的外墙板使用了“三明治”结构形式，和之前的混凝土消耗量相一致，存在着 50 mm 厚度的混凝土保护层，而这一部分混凝土保护层的内部也进行了受力钢筋的布设，因此带来了钢筋用量的增加；其次，仍然是由于叠合楼板形式的选用，使得相较于传统的现浇建筑工程形式多出了一部分钢筋桁架，此外，装配式混凝土建筑形式在当前我国的建筑工程领域应用案例较少，尚未形成较为完整的施工经验，因此，为了充分保证建筑工程的安全可靠性，通常会在设计中采用相对较为保守的设计导致钢筋用量增加；最后，装配式混凝土建筑施工过程中存在大量的钢制预埋件，导致钢材用量增加。

【问题与讨论】

1. 装配式与现浇施工模式在成本构成方面的差别有哪些？
2. 简述降低现场装配费用的内容。
3. 对预制构件运输环节成本内容进行分析。

子项目二　装配式混凝土建筑信息化管理

一、知识目标

1. 了解 BIM 平台；
2. 了解 BIM 技术在各阶段的主要应用。

二、能力目标

学生能够应用 BIM 建立模型并完成碰撞检测。

三、素质目标

1. 通过任务引领的项目化教学，培养学生综合分析问题的能力及严谨细致的工作态度；
2. 通过拓展知识训练，培养学生自主学习意识和自学能力；
3. 开展小组教学，培养学生的团结、合作精神。

【案例描述】

武汉市东西湖区某大型框架单体，建筑面积为 25 002.75 m^2，总建筑高度为 46.5 m。装配率为 60%以上，采用装配式整体框架结构，裙房处为现浇混凝土框架结构，塔楼及主体采用预制框架柱、预制叠合梁、预制叠合板。

该项目技术员张工需要结合相关规范及标准的要求完成采用 BIM 软件进行装配式混凝土结构模型建立及节点钢筋碰撞处理的任务。

【案例背景】

装配式建筑是建筑工业化的一种形式，发展工业化就离不开信息化，而 BIM 技术是建筑业信息化最佳应用，通过统一的 BIM 协同工作平台，实现装配式建筑全产业链的信息互联互通，在全生命周期内提供协调一致的信息，实现数据共享和管理协同。

利用 BIM 技术建立的参数化装配式建筑标准户型库和标准部品部件库，提高装配式建筑设计标准化程度；通过 BIM 的全专业协同设计，提高专业间的协调性，实现精细化设计；通过装配式建筑 BIM 设计数据直接接力构件生产设备，实现自动化生产；结合 BIM 与物联网技术的可追溯性质量管控的生产管理系统对构件加工过程进行规范化管理；施工过程中通过 BIM 实现构件运输、安装及施工现场的一体化智能管理；利用拼装校验技术与智能安装技术指导施工，优化施工工艺，提高建造效率和工程质量，降低人工的工作量。

【项目实施】

一、任务下达

装配式建筑全过程各个阶段、各参与方具体的业务工作，还需要通过不同阶段的软件与系统来完成，软件或系统与统一的 BIM 平台连接，形成全流程的集成应用系统。

基于装配式建筑全流程集成应用 BIM 平台，集成装配式建筑各阶段应用软件和管理系统，将方案设计、初步设计、施工图设计、深化设计、生产管理、施工管理与施工技术等方面的信息数据和应用软件集成，实现标准化设计、优化排产、合理施工组织、自动统计算量，达到最大优化项目成本和质量控制的目标。

二、任务实施

(一)设计阶段

装配式建筑设计应采用 BIM 一体化设计模式，基于 BIM 的全专业集成化、精细化设计，前置考虑构件加工及运输、施工中的工艺及效率因素。

装配式建筑全专业一体化设计要求比较适宜采用 BIM 技术来完成，利用 BIM 平台建立统一的三维可视化数据模型，进行各专业协同设计、出图管理，达到专业之间数据无缝衔接，支持多阶段、多参与方的模型协调深化，从整体提高设计效率和质量。

1. 方案策划

装配式建筑方案策划阶段应遵循通用化、模数化、标准化、少规格、多组合的原则，减少构件种类，提高模板的重复使用率，利于构件的生产制造与施工，利于提高生产速度和工人的劳动效率，从而降低成本。设计企业可基于实际项目不断积累装配式建筑 BIM 标准户型库和标准部品部件库。

2. 初步设计

基于 BIM 平台，实现各个专业的初步设计，包括构件布直、尺寸等信息，基于 BIM 的管线综合和碰撞检测实现设计检查和优化。BIM 设计软件应能接力分析设计结果与标准化部品部件库，实现自动化、智能化的设计。

3. 施工图设计

通过 BIM 协同平台集成各专业设计成果，各专业协同调整设计方案，细化预制构件和连接内容，专业间碰撞协调内容，完成预制率统计和施工图设计。通过 BIM 模型自动生成结构模板图、梁板柱墙配筋图、装配式结构梁板及墙柱平面布置图、组装原则图、连接节点图等。基于 BIM 技术的全专业 PKPM-装配式建筑模型如图 4-2-1 所示。

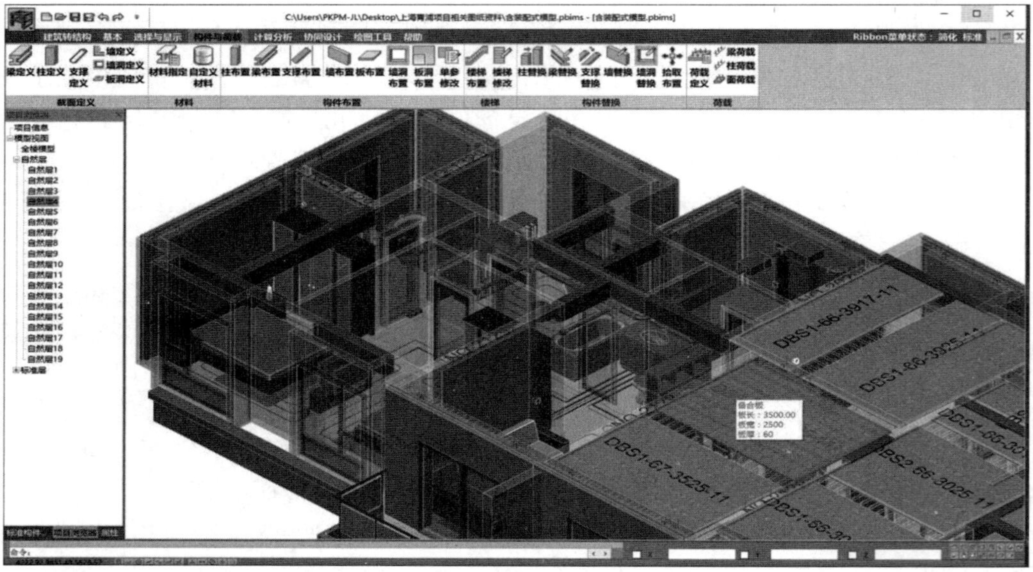

图 4-2-1　基于 BIM 技术的全专业 PKPM-装配式建筑模型

4. 深化设计

在装配式深化设计阶段，应接力施工图设计 BIM 模型。结合几何造型要求、节点钢筋连接要求、生产工艺要求和施工安装要求等，对预制构件 BIM 模型参数进行详细调整；通过 BIM 平台的“碰撞检查”功能对所有预制构件进行钢筋的碰撞检查及避让处理；在 PC 构件 BIM 模型上直接布置辅助脱模、吊装、安装等预埋件，进行短暂工况验算；通过 BIM 协同平台获取各专业提资条件，针对机电、精装等预留条件完成装配式预制构件的开洞设置。BeePC 软件叠合板深化设计界面如图 4-2-2 所示。

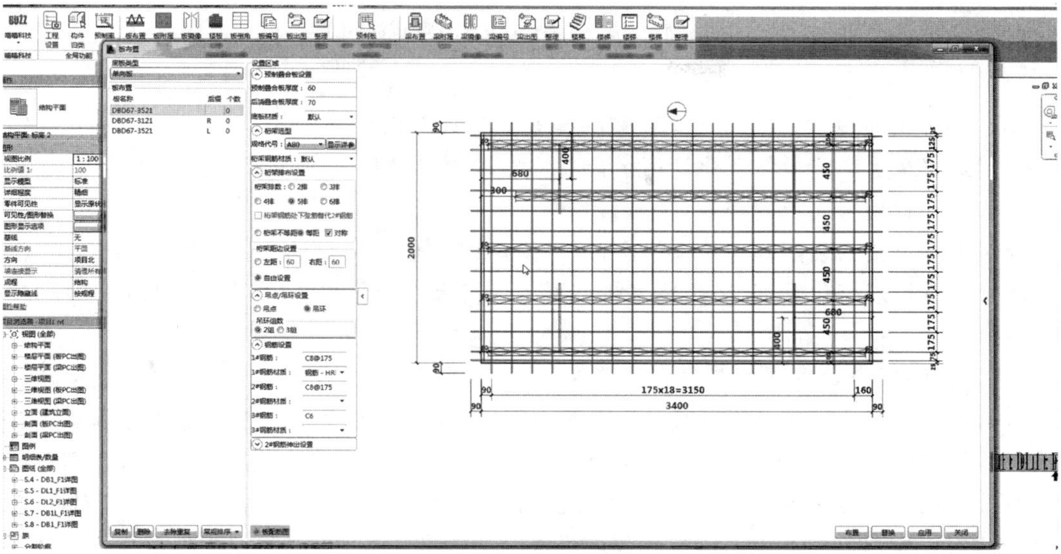

图 4-2-2　BeePC 软件叠合板深化设计界面

装配式建筑深化设计阶段最终 BIM 模型应达到面向生产需要的精细程度(LOD500)。基于 BIM 模型的完成装配率统计、预制构件清单与物料清单,自动生成各类预制构件加工详图。构件加工详图与构件 BIM 模型可联动调整。

(二)生产阶段

装配式建筑生产阶段信息化管理平台,针对工厂的生产加工过程进行流程化管理,通过管理平台解决库存控制、生产过程物料控制、进度控制、质量管控和成本管控,从而促进工厂的精细化管理。预制构件生产信息化管理系统如图 4-2-3 所示。

图 4-2-3　预制构件生产信息化管理系统

1. 预制构件 BIM 设计信息直接对接工厂生产系统

装配式建筑生产阶段信息化管理平台直接接收 BIM 设计数据,包括构件类型和数量,每个构件的基础信息和各类深化详图。平台将生产加工任务按需下发到指定的加工设备的操作台或者 PLC(可编程逻辑控制器)中,并能根据设备的实际生产情况对管理平台进行反馈统计。

2. 涵盖项目管理和工厂管理的装配式建筑生产信息化管理平台

装配式建筑生产阶段信息化管理平台以装配式项目管理和工厂管理为两条主线,搭建项目管理和工厂管理协同及内控管理体系。

针对工厂承接的装配式建筑项目全过程进行管理,包括项目的合同、进度、质量、安全、成本和风险等进行规范化管理,采用信息管理平台进行流程优化和固化,提升项目管理和业务管理成熟度。

3. 基于 BIM 与物联网的装配式质量追溯系统

借助构件编码体系和物联网技术,实现构件可追溯性质量管控。建立预制装配式建筑构件编码体系,将预制混凝土构件系列(类型)码与 BIM 模型及构件数据库关联,在构件生产过程中通过二维码或射频识别(RFID)电子标签对构件全生命周期进行管理,尤其针对隐检、成品检、入库、装车、卸车、安装等核心环节进行跟踪记录和管控,从而实现构件全生命周期追溯性质量管理。生产全过程追溯管理如图 4-2-4 所示。

图 4-2-4 生产全过程追溯管理

4. 装配式工厂物资信息化

装配式工厂物资信息化管理从设计导入构件生产数据为起点,自动汇总生成构件物料清单,得到物资需求计划,对材料采购及材料入库后出入库进行管理,并提供报告报表和预告预警功能。

5. 运输管理

结合地理信息系统及构件的最大尺寸信息,规划构件的运输道路、进出工地的路线。对运输车辆进行编码并安装卫星定位跟踪系统,对车辆的运输位置与轨迹进行跟踪、记录与管理。

(三)施工阶段

在装配式建筑施工阶段,通过 BIM 平台、构件的模型数据和施工现场的智慧工地相关技术,实现装配式建筑施工过程中堆场优化、吊装模拟和管理、构件可视化预拼装及安装流程模拟、进度协同和管控、基于物联网的质量监管等,从而达到装配化施工、智能化运用、信息化管理的装配式建筑施工阶段管理目标。

1. 构件堆场优化

按照构件的吊装计划和装配顺序,结合 BIM 模型中确定的构件位置信息,针对项目现场的构件堆场进行优化，明确不同构件的堆放区域、堆放位置和堆放顺序，避免二次搬运。同时，在构件或材料存放时，做到构配件点对点堆放。施工场地布置如图 4-2-5 所示。

图 4-2-5 施工场地布置

2. 吊装模拟和管理

通过构件的 BIM 模型，直接读取每个构件的吊装参数，针对施工现场的塔式起重机方案进行评估和优化。结合施工现场工作面和空间、构件堆场布置、塔式起重机的起重能力和作业安全等因素，进行构件的吊装模拟，动态优化塔式起重机方案。

3. 构件可视化预拼装及安装流程模拟

采用 BIM 的可视化和虚拟仿真技术，针对核心构件或者全部构件进行可视化预拼装，尤其是针对现场产业工人的培训和装配技术交底。采用三维模拟和二维详细图纸相结合的方式，既高效又精准。

4. 进度协同和管控

基于 BIM 4D 技术和构件施工装配计划对装配式建筑施工进度可实现精确计划、跟踪和控制，动态规划分配各种施工资源和场地。结合构件的生产管理和物联网监测，实时跟踪工程项目的实际进度，并通过计划进度与实际进度比较，及时分析偏差对工期的影响程度以及产生的原因，采取有效措施，实现对项目进度的精确控制，从而确保项目按时竣工。施工进度模拟如图 4-2-6 所示。

5. 基于物联网的质量监管

对构件装配施工过程的核心环节安装物联网传感器，进行实时动态监测，比如混凝土浇筑、灌浆流程监测和记录等，从而更有效地加强质量监管，并将构件 BIM 模型数据和构件施工装配结果进行对比验证，也可以将质量信息挂接到 BIM 模型上。装配式 BIM 协同管理平台如图 4-2-7 所示。

(四)运维阶段

结合竣工交付的装配式建筑全专业 BIM 信息模型，建筑运营中多源异构数据集成技术和多系统融合技术，环境感知的建筑能效优化、智能建筑电能优化和协调优化控制方法等，建立

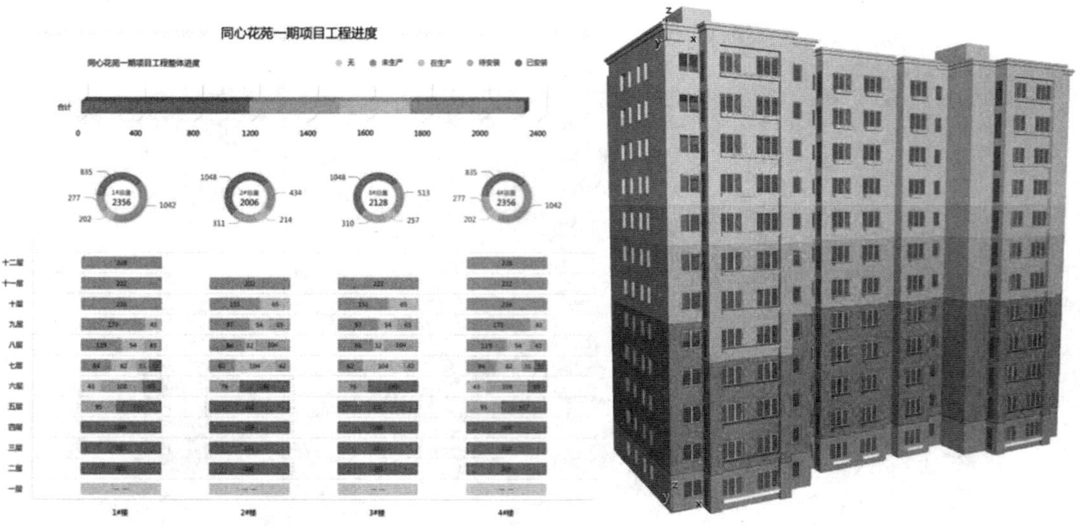

图 4-2-6 施工进度模拟

图 4-2-7 装配式 BIM 协同管理平台

基于 BIM 的建筑运营智慧管理系统，进行建筑的设备设施管理、物业空间管理和能耗监测。

1. 设备设施管理

通过 BIM 技术将装配式建筑中的设备、设施的几何形状、空间位置、设备参数、品牌、生产厂家、联系方式等信息存储，当设备、设施需要维修或更换时，可以根据 BIM 数据信息及时获得相应的服务。BIM 模型所具备的虚拟 3D 建筑物数据，可为复杂的管线系统提供一个方便可视化的环境，让维修人员能更明确地掌握建筑物全貌。基于 BIM 技术智慧管理平台的设备运维管理如图 4-2-8 所示。

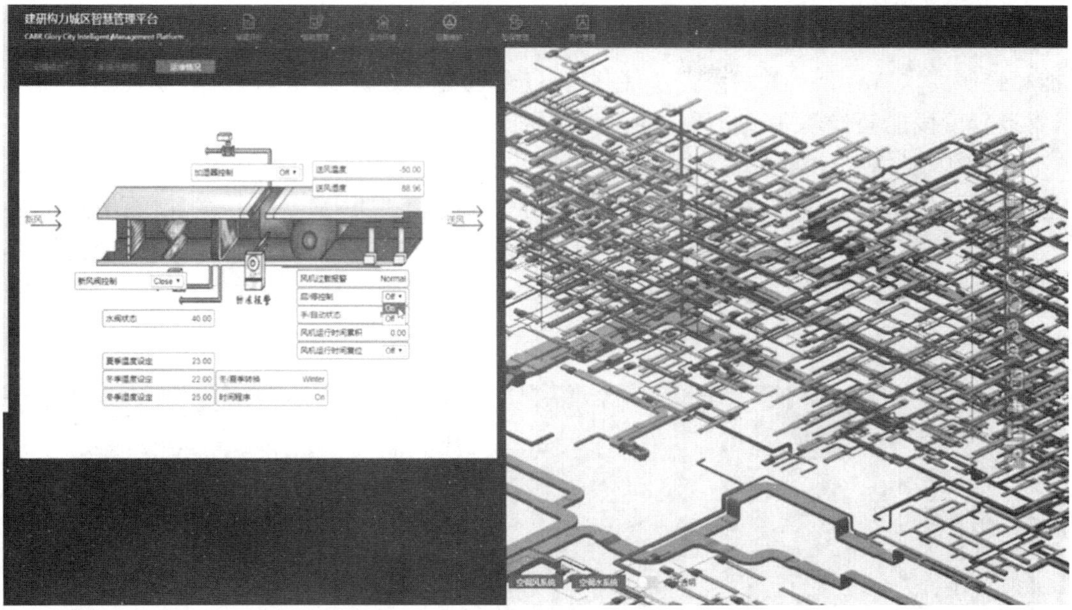

图 4-2-8　基于 BIM 技术智慧管理平台的设备运维管理

2. 物业空间管理

通过轻量化 BIM 模型在线三维可视化展示能力，可以对户型室内空间、小区公共空间、小区开放空间等进行沉浸式体验，并且在模型中可以查看做法、节点等施工信息、设备信息以及其他相关信息内容，使用户对于居住空间有更直观的认识。基于 BIM 技术智慧管理平台的楼宇管理如图 4-2-9 所示。

图 4-2-9　基于 BIM 技术智慧管理平台的楼宇管理

3. 能耗监测

基于全过程 BIM 应用综合数据库，从中提取在项目前期、项目设计、项目施工过程中与建筑能耗控制要求所有相关的约束性条件，以及各个过程中建筑能耗管理分析模拟的规则和结果，对运营阶段能耗管理进行初始化的调整和实施。

通过 BIM 与智能终端设备的集成，在实时采集人流、环境、设备设施运行等动态信息的基础上，集成建筑内各类能源消耗的实时数据与历史数据，提取 BIM 模型中的相关信息，通过数据模拟和分析技术，在 BIM 可视化及参数化的环境中，进行多种条件下的运行能耗仿真预估，为建筑运行阶段的能源管理提供预案。基于 BIM 技术智慧管理平台的能耗管理如图 4-2-10 所示。

图 4-2-10　基于 BIM 技术智慧管理平台的能耗管理

通过建筑能耗管理系统采集设备运行的最优性能曲线、设备运行的最优寿命曲线、设备运行监测数据等动态数据，结合 BIM 综合数据库内的静态信息，通过运行仿真预估，提供建筑能源优化管理预案。

三、实施成果

BIM 软件作为装配式深化设计的重要实现方式，越来越受到行业人士的认可。

1. 3D 可视化、可模拟、定位准确

与传统 CAD 绘制模式相比，BIM 软件在可视的三维空间内进行绘制，在施工之前能够形成一个完整的三维模型，业主方以及参建各方能够可视对项目的建议，在方案确定前能够做出预判并及时调整。模型完全按照真实尺寸建模，能够真实反映建筑内各系统、各专业间关系，实时反映项目真实情况，定位准确。

2. 参数化、模型信息修改联动

BIM 软件利用参数化建模，BIM 模型中的所有构件的不同形状是由于其图元所对应的各个参数信息不同，当模型的构件参数中任意一个数值发生变化，构件会随之变化，整个模型也会联动变化，期间产生的信息也会实时更新。对于装配式深化设计而言，BIM 软件的这个特点能够大幅度降低因细节调整造成的调图工作量，能够实现在三维模型中修改相关构件，预制构件加工图随之修改，实现一键改图、出图，简化程序，缩短深化设计时间，将设计师从大量的调图工作中解放出来。

3. 碰撞检查、布置合理、可优化

传统的二维图纸往往不能全面反映各专业、各系统之间的碰撞可能，同时由于二维设计的离散性、不可预见性，将使设计人员疏漏掉一些钢筋、混凝土或管线碰撞的问题。而利用 BIM 技术碰撞检测的功能，将碰撞点尽早反馈给设计人员，与业主、顾问进行及时的协调沟通，在深化设计阶段尽量减少现场的碰撞和返工现象。这不仅能及时排除项目施工环节中可能遇到的碰撞冲突，显著减少由此产生的变更，更大大提高了施工现场的施工效率，降低了由于施工协调造成的成本增长和工期延误。

4. 信息完备、可追溯

BIM 软件的应用跨度从项目方案阶段、预制构件加工图阶段到项目运营阶段。BIM 模型中所含的信息可以描述一个部位的完整信息，比如：结构柱中所含的名称、尺寸、材质型号、颜色等。

【相关知识】

∴ PKPM-PC ∴

现阶段，广泛使用的装配式一体化设计软件是北京构力科技有限公司的 PKPM-PC，它是在国内自主知识产权图形支撑平台上开发的。PKPM-PC 软件界面如图 4-2-11 所示。

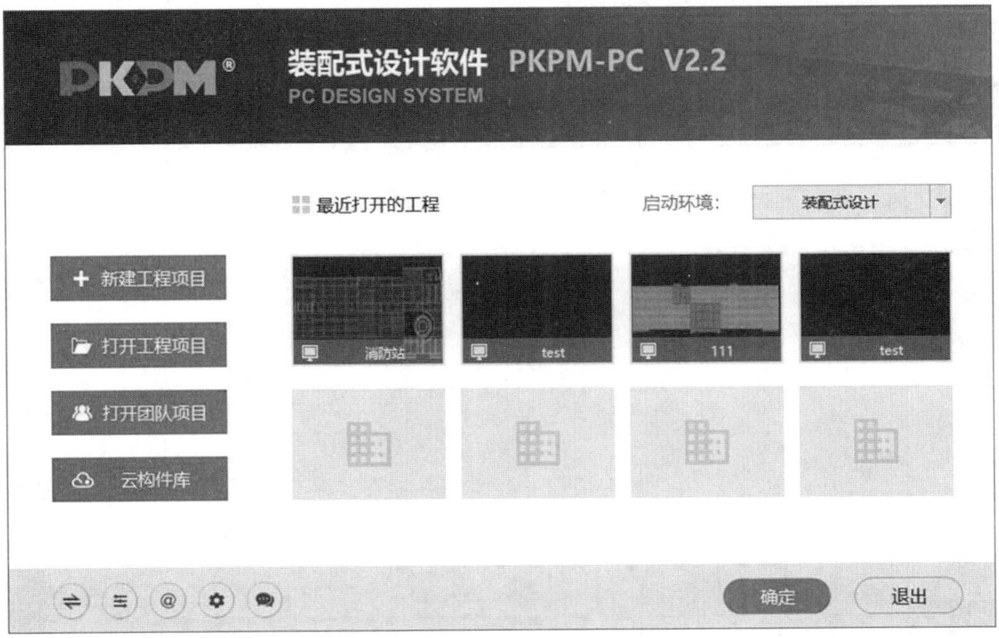

图 4-2-11　PKPM-PC 软件界面

PKPM-PC 软件包含了两部分内容:第一部分结构分析部分,在 PKPM 传统结构软件中,实现了装配式结构整体分析及相关内力调整、连接设计等部分内容;第二部分,在 BIM 平台下实现了装配式建筑的精细化设计,包括预制构件库的建立、三维拆分(图 4-2-12)与预拼装、碰撞检查、预制率统计、构件加工详图、材料统计、BIM 数据接力到生产加工设备。

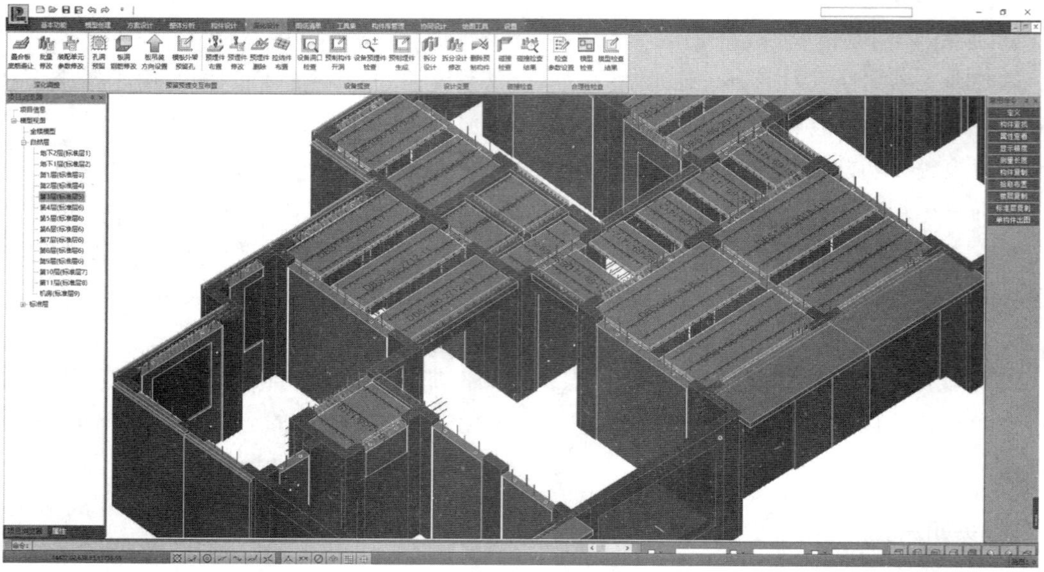

图 4-2-12　PKPM-PC 软件预制构件拆分模型

PKPM-PC 软件是基于 BIM 平台的预制构件详图自动化生成研发,装配式结构图要细化到每个构件的详图,详图工作量很大,BIM 平台下的详图自动化生成,保证模型与图纸的一致性,既能够提高设计效率,又能提高构件详图图纸的精度,减少错误。PKPM-PC 软件预制构件详图生成如图 4-2-13 所示。

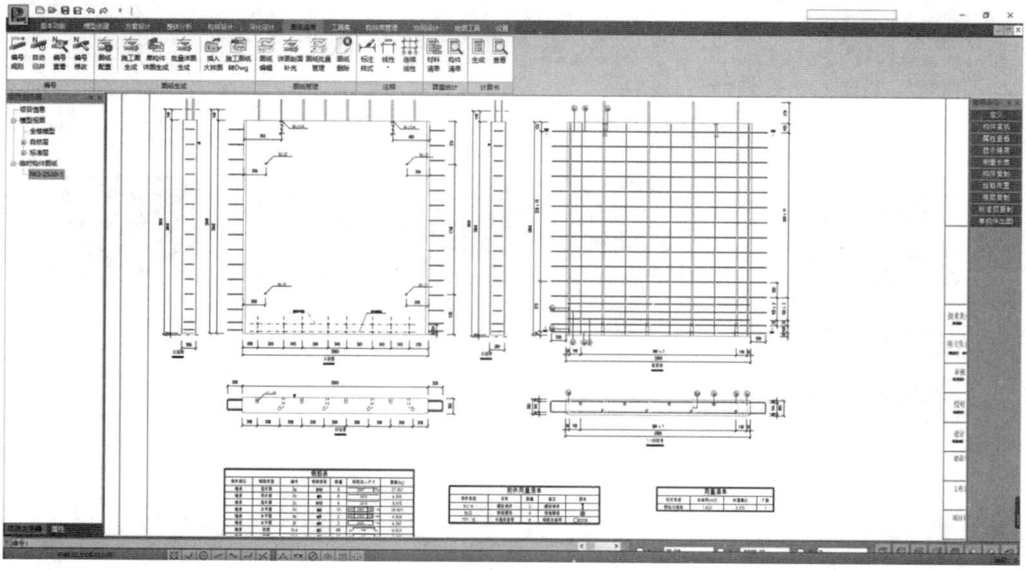

图 4-2-13　PKPM-PC 软件预制构件详图生成

PKPM-PC 软件是基于 PKPM-BIM 平台的，可实现建筑、结构、机电全专业智能建模，同时可完成专业间智能提资、管线智能连接、管线碰撞检查等，能够减轻设计人员的大量工作。

【问题与讨论】

1. 基于 BIM 技术的装配式建筑应用内容有哪些？
2. 基于装配式建筑全流程集成应用 BIM 平台的要求有哪些？
3. 在装配式深化设计阶段，BIM 技术的应用有哪些？

参考文献

[1] GB/T 51129—2017. 装配式建筑评价标准[S]. 北京:中国建筑工业出版社,2017.

[2] GB/T 51231—2016. 装配式混凝土建筑技术标准[S]. 北京:中国建筑工业出版社,2016.

[3] JGJ 1—2014. 装配式混凝土结构技术规程[S]. 北京:中国建筑工业出版社,2014.

[4] JGJ 355—2015. 钢筋套筒灌浆连接应用技术规程[S]. 北京:中国建筑工业出版社,2015.

[5] DG/TJ 08-2254 -2018. 住宅室内装配式装修工程技术标准[S]. 上海:同济大学出版社.

[6] 高中. 装配式混凝土建筑口袋书[M]. 北京:机械工业出版社,2019.

[7] 肖明和,苏洁. 装配式建筑混凝土构件生产[M]. 北京:中国建筑工业出版社,2018.

[8] 宋亦工. 装配整体式混凝土结构工程施工组织管理[M]. 北京:中国建筑工业出版社,2022.

[9] 孙俊霞,王丽梅. 装配式混凝土结构施工技术[M]. 成都:西南交通大学出版社,2019.

[10] 杨志强. 装配式工程师人才培训指南与考核题库[M]. 北京:中国电力出版社,2020.

[11] 陶里. 装配式混凝土建筑施工质量验收指南. 北京:中国建筑工业出版社,2019.

[12] 北京市保障性住房建设投资中心. 装配式装修设计与施工. 北京:化学工业出版社,2020.

[13] 中国建筑标准设计研究院. 装配式建筑系列标准应用实施指南. 北京:中国计划出版社,2017.